高等学校土木工程专业规划教材

土工试验指导书

(第2版)

张陈蓉　曹　培　钱建固　袁聚云　主编

人民交通出版社股份有限公司

北　京

内 容 提 要

本书是为了配合《土质学与土力学》(第5版)(主编钱建固)中的土工试验教学而编写的试验指导用书。本书系统地介绍了土工试验的目的、方法、仪器设备以及成果整理方法,内容主要包括土的含水率试验、密度试验、土粒比重试验、液塑限联合测定法、圆锥仪液限试验、搓滚法塑限试验、筛析法颗粒分析试验、密度计法颗粒分析试验、渗透试验、相对密度试验、击实试验、固结试验、直接剪切试验、无侧限抗压强度试验、三轴压缩试验和静止侧压力系数试验,每个试验项目均配有详细的试验操作步骤,便于学生独立完成土工试验的全过程。

本书可作为高等学校土木工程等专业的土工试验教学用书,亦可供从事岩土工程设计、勘察和试验的技术人员参考。

图书在版编目(CIP)数据

土工试验指导书 / 张陈蓉等主编. — 2版. — 北京：人民交通出版社股份有限公司, 2020.10

ISBN 978-7-114-16811-6

Ⅰ. ①土… Ⅱ. ①张… Ⅲ. ①土工试验—高等学校—教学参考资料 Ⅳ. ①TU41

中国版本图书馆 CIP 数据核字(2020)第161452号

高等学校土木工程专业规划教材

Tugong Shiyan Zhidao Shu

书　　名:土工试验指导书(第2版)

著 作 者:张陈蓉　曹　培　钱建固　袁聚云

责任编辑:李　瑞

责任校对:孙国靖　扈　婕

责任印制:张　凯

出版发行:人民交通出版社股份有限公司

地　　址:(100011)北京市朝阳区安定门外外馆斜街3号

网　　址:http://www.ccpcl.com.cn

销售电话:(010)59757973

总 经 销:人民交通出版社股份有限公司发行部

经　　销:各地新华书店

印　　刷:北京虎彩文化传播有限公司

开　　本:787×1092　1/16

印　　张:8.5

字　　数:215千

版　　次:2015年3月　第1版

　　　　　2020年10月　第2版

印　　次:2023年8月　第2次印刷　总第4次印刷

书　　号:ISBN 978-7-114-16811-6

定　　价:30.00元

第 2 版前言

土工试验是土木工程的重要内容之一,也是土力学课程中一个不可缺少的教学环节,本书是为了配合《土质学与土力学》(第 5 版)(主编钱建固)中的土工试验教学而编写的试验指导用书,同时也可供从事岩土工程设计、勘察和试验的技术人员参考使用。本书由多年从事土工试验教学的教师参与编写,书中反映了编者多年的土工试验经验和教学心得。本书依据国家及相关行业的最新标准规范并结合实际教学条件而编写。在编写过程中,还充分吸收了有关师生在土工试验教学过程中提出的宝贵意见。

本书在第 1 版基础上更新的内容主要包括:新增了相对密度试验,对所有试验内容根据最新规范进行了修改和补充,并对三轴试验内容进行了修订,新增了三轴虚拟仿真试验项目介绍,为了便于开展双语教学,本书还新增了 6 个试验项目的英文版试验教学记录表。

根据土工试验的特点及教学要求,本书强调指导性和实用性,力求详细、易懂和完整,每个试验项目内容包括试验目的、试验方法和仪器设备,以及详尽的试验操作步骤和成果整理方法,便于学生独立完成土工试验的全过程。

本书内容主要包括土的含水率试验、密度试验、土粒比重试验、液塑限联合测定法、圆锥仪液限试验、搓滚法塑限试验、筛析法颗粒分析试验、密度计法颗粒分析试验、渗透试验、相对密度试验、击实试验、固结试验、直接剪切试验、无侧限抗压强度试验、三轴压缩试验和静止侧压力系数试验。

本书由张陈蓉、曹培、钱建固、袁聚云编写,同济大学杨熙章、徐仁龙、陈宝、吴晓峰等教师为本书提供了部分土工试验教学资料,且基于教学体会提供了编写思路,同济大学研究生张纪蒙为本书的文字输入及插图绘制做了大量工作,本书还引用了许多专家、学者在教学、科研和试验中积累的资料和经验以及有关的最新标准规范条文,在此一并表示感谢。

限于作者水平,书中难免存在不当之处,恳请读者批评指正。

编　者

2019 年 12 月于同济大学

目　　录

试验一　含水率试验

土的含水率w是指土在温度105~110℃下烘到恒重时所失去的水质量与达到恒重后干土质量的比值,以百分数表示。

一、试验目的

测定土的含水率,以了解土的含水情况。含水率是计算土的干密度、孔隙比、饱和度、液性指数等指标不可缺少的一个基本指标,也是控制建筑物地基、路堤、土坝等施工质量的重要指标。

二、试验方法

含水率试验方法主要有烘干法、酒精燃烧法等,其中以烘干法为室内试验的标准方法,当在野外无烘箱设备或要求快速测定含水率时,可用酒精燃烧法测定细粒土含水率。现介绍烘干法。

三、烘干法试验

1. 仪器设备

(1)烘箱:能保持温度在105~110℃的电热恒温烘箱。

(2)天平:称量200g,分度值0.01g。

(3)其他:装有干燥剂的干燥容器、称量盒、切土刀等。

2. 操作步骤

(1)从细粒土土样中选取具有代表性的试样15~30g(有机质土、砂类土和整体状构造冻土为50g),放入称量盒中,立即盖好盒盖,称取盒加湿土质量,精确至0.01g。

(2)打开盒盖,将试样和盒一起放入烘箱中,在温度105~110℃的恒温下烘至恒量。试样烘至恒量的时间:对于黏土和粉土宜烘8~10h;对于砂土宜烘6~8h;对于有机质含量为干土质量5%~10%的土,应将温度控制在65~70℃的恒温下烘12~15h。

(3)将烘干后的试样和盒从烘箱中取出,放入干燥器内冷却至室温,冷却时间一般为0.5~1h。

(4)将试样和盒从干燥器内取出,盖好盒盖,称取盒加干土质量,精确至0.01g。

3. 含水率计算

$$w = \frac{m_1 - m_2}{m_2 - m_0} \times 100 \tag{1-1}$$

式中:w——土的含水率(%),精确至0.1%;

m_1——称量盒加湿土质量(g);

m_2——称量盒加干土质量(g);

m_0——称量盒质量(g)。

含水率试验应进行两次平行测定,并取两次含水率测值的算术平均值。最大允许的平行测定差值应满足如下要求:当含水率小于10%时为±0.5%;当含水率为10%~40%时为±1%;当含水率大于或等于40%时为±2%。

4. 试验记录

含水率试验记录见表1-1。

上交试验报告，请学生沿此线撕下

含水率试验记录表

表 1-1

学　号＿＿＿＿＿＿＿＿　　班　级＿＿＿＿＿＿＿＿

姓　名＿＿＿＿＿＿＿＿　　日　期＿＿＿＿＿＿＿＿

试样编号	盒号	盒加湿土质量(g)	盒加干土质量(g)	盒质量(g)	水分质量(g)	干土质量(g)	含水率(%)	平均含水率(%)
		(1)	(2)	(3)	(4)	(5)	(6)	(7)
					(1) - (2)	(2) - (3)	$\frac{(4)}{(5)}\times 100$	

试验二　密度试验

土的密度ρ是指土的单位体积质量,是土的基本物理性质指标之一,其单位为g/cm^3。

一、试验目的

测定土的密度,是为了解土的疏密和干湿状态。土的密度是计算土的自重应力、干密度、孔隙比、孔隙率和饱和度等指标的重要依据,也是土压力计算、土坡稳定性验算、地基承载力和沉降量估算以及填土压实度控制的重要指标之一。

土的密度一般是指土的湿密度ρ,除此以外还有土的干密度ρ_d、饱和密度ρ_{sat}和有效密度ρ'。

二、试验方法

土的密度试验方法主要有环刀法、蜡封法、灌水法和灌砂法等。对于细粒土,宜采用环刀法,试样易碎裂、难以切削时,可采用蜡封法。现介绍环刀法。

三、环刀法试验

1. 仪器设备

(1)环刀:内径6.18cm(面积$30cm^2$),高2cm。

(2)天平:称量500g,分度值0.1g。

(3)其他:修土刀、钢丝锯、毛玻璃板和圆玻璃片等。

2. 操作步骤

(1)按工程需要取原状土或人工制备所要求的扰动土样,其直径和高度应大于环刀的尺寸,整平两端放在玻璃板上。

(2)将环刀的刃口向下放在土样上,然后将环刀垂直下压,边压边削,至土样上端伸出环刀为止,用钢丝锯或修土刀将两端余土削去修平,并及时在两端盖上平滑的圆玻璃片,以免水分蒸发。

(3)擦净环刀外壁,移去圆玻璃片,然后称取环刀加土质量,精确至0.1g。

3. 密度计算

$$\rho = \frac{m}{V} = \frac{m_1 - m_0}{V} \tag{2-1}$$

式中:ρ——土的湿密度(g/cm^3),精确至$0.01g/cm^3$;

m——湿土质量(g);

V——环刀容积(cm^3);

m_1——环刀加湿土质量(g);

m_0——环刀质量(g)。

密度试验应进行两次平行测定,两次测定的差值不得大于$0.03g/cm^3$,试验结果取两次测值的算术平均值。

4. 试验记录

环刀法测定的密度试验记录见表2-1。

上交试验报告，请学生沿此线撕下

密度试验记录表(环刀法)　　　　表 2-1

学　号________________　　　　班　级________________

姓　名________________　　　　日　期________________

试样编号	环刀编号	环刀加土质量(g)	环刀质量(g)	湿土质量(g)	环刀容积(cm^3)	湿密度(g/cm^3)	湿密度的平均值(g/cm^3)
		(1)	(2)	(3)	(4)	(5)	
				(1) - (2)		$\frac{(3)}{(4)}$	(6)

试验三　土粒比重试验

土粒比重 G_s是指土粒在105～110℃的温度下烘干至恒重时的质量与土粒同体积4℃时纯水质量的比值。土粒比重在数值上等于土粒密度(g/cm^3)，但土粒比重是无量纲的。

一、试验目的

土粒比重是土的基本物理性质之一，测定土粒比重，可为土的孔隙比、饱和度计算以及为颗粒分析试验、固结试验等提供必需的数据。

二、试验方法

根据土粒粒径的不同，土粒比重试验可分别采用比重瓶法、浮称法或虹吸筒法。对于粒径小于5mm的土，应采用比重瓶法进行土粒比重试验，其中对于排出土中空气可用煮沸法和真空抽气法；对于粒径不小于5mm的土，且其中粒径大于20mm的颗粒含量小于10%的土，应采用浮称法；对于粒径大于20mm的颗粒含量不小于10%的土，应采用虹吸筒法。现介绍比重瓶法试验。

三、比重瓶法试验

1. 仪器设备

(1)比重瓶：容积100mL或50mL，分长颈和短颈两种。

(2)天平：称量200g，分度值0.001g。

(3)恒温水槽：灵敏度±1℃。

(4)砂浴：应能调节温度。

(5)温度计：刻度0～50℃，最小分度值0.5℃。

(6)其他：烘箱、玻璃漏斗、滴管、纯水、孔径为5mm的筛等。

2. 操作步骤

(1)比重瓶校正

①将比重瓶洗净、烘干，置于干燥器内，冷却至室温后，称比重瓶质量，精确至0.001g。需平行测定两次比重瓶质量，两次的差值不得大于0.002g，并取其算术平均值。

②将煮沸经冷却至室温后的纯水注入比重瓶内。当用长颈比重瓶时，应将纯水注到刻度处为止；当用短颈比重瓶时，应将纯水注满，塞紧瓶塞，多余的水将会从瓶塞毛细管中溢出，使瓶内无气泡。

③调节恒温水槽温度至5℃或10℃，然后将比重瓶放入恒温水槽内，待瓶内水温稳定后，将比重瓶取出，擦干瓶外壁，称瓶和水总质量，精确至0.001g。

④以5℃温度的级差，调节恒温水槽的水温，然后逐级测定不同温度下的比重瓶和水总质量，直至达到本地区最高自然气温为止。在每个温度下均应进行两次平行测定，两次测定的差值不得大于0.002g，并取其算术平均值。

⑤记录不同温度下的比重瓶和水总质量(报告3-1)，并以瓶和水总质量为横坐标，温度为纵坐标，绘制瓶和水总质量与温度的关系曲线(图3-1)。

报告 3-1

比重瓶校准记录表

瓶　号________________　　　　校 准 者________________

瓶　重________________　　　　校 核 者________________

瓶容积________________　　　　校准日期________________

温度（℃）	瓶加水质量（g）		瓶加水质量的平均值（g）

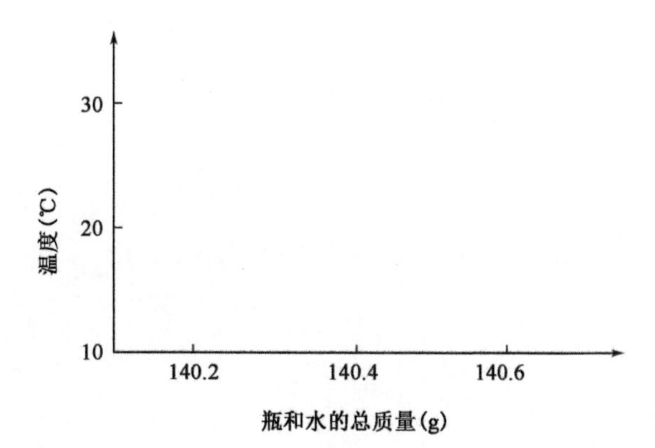

上交试验报告，请学生沿此线撕下

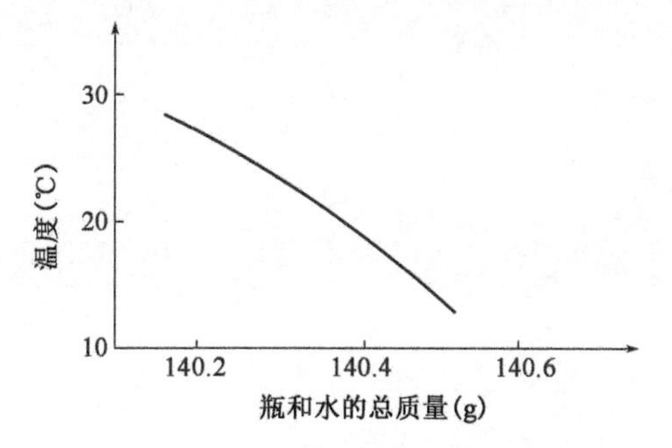

图 3-1　温度与瓶和水质量关系曲线

(2)比重测定

①将烘干土通过孔径为5mm的筛,然后取筛下土15g,用玻璃漏斗装入预先洗净和烘干的100mL比重瓶内,若用50mL的比重瓶则取试样12g,称试样和瓶的总质量,精确至0.001g。

②为了排除土中的气体,将纯水注入已装有干土的比重瓶中至一半处,摇动比重瓶,然后将比重瓶放在砂浴上煮沸,煮沸时间自悬液沸腾时算起,砂及砂质粉土不应少于30min,黏土及黏质粉土不应少于1h,以使土粒分散。悬液沸腾后应调节砂浴温度,以避免瓶中悬液溢出瓶外。

③对于砂土,宜采用真空抽气法排气,把注入纯水的比重瓶瓶塞拿去,放在真空干燥器内用真空泵抽气,抽气时真空表读数应接近一个大气压力值,并经常摇动比重瓶,抽气时间不应小于1h,直至土样内的气泡排净为止。

④将煮沸经冷却至室温后的纯水注入装有试样悬液的比重瓶内,当用长颈比重瓶时,应将纯水注到刻度处为止;当用短颈比重瓶时,应将纯水注满,塞紧瓶塞,多余的水会从瓶塞毛细管中溢出,使瓶内无气泡。

⑤将比重瓶置于恒温水槽内,待瓶内水温稳定,且瓶内上部悬液澄清,然后取出比重瓶,擦干瓶外壁,称比重瓶、水、试样总质量,精确至0.001g。称量后应立刻测出瓶内水的温度,精确至0.5℃。

⑥根据测得的温度,从已绘制的温度与瓶和水总质量的关系曲线中查得瓶水总质量。

3. 成果整理

(1)土粒比重计算

$$G_s = \frac{m_{bs} - m_b}{m_{bw} + (m_{bs} - m_b) - m_{bws}} \times G_{wT} \tag{3-1}$$

式中:G_s——土粒比重,精确至0.001;

m_{bs}——比重瓶、试样总质量(g);

m_{bw}——比重瓶、水总质量(g);

m_{bws}——比重瓶、水、试样总质量(g);

m_b——比重瓶质量(g);

G_{wT}——T℃时纯水的比重(可查物理手册),精确至0.001。

比重瓶法试验应进行两次平行测定,两次测定的差值不得大于0.02,并取两次测值的算术平均值。

(2)试验记录

比重瓶法土粒比重试验记录见表3-1。

土粒比重试验记录表(比重瓶法)　　　　表 3-1

学　号＿＿＿＿＿＿＿＿　　　　班　级＿＿＿＿＿＿＿＿

姓　名＿＿＿＿＿＿＿＿　　　　日　期＿＿＿＿＿＿＿＿

试样编号	比重瓶号	温度(℃)	液体比重	比重瓶质量(g)	比重瓶加干土质量(g)	干土质量(g)	比重瓶加液体质量(g)	比重瓶加液体、干土总质量(g)	与干土同体积的液体质量(g)	土粒比重	平均值
		(1)	(2)	(3)	(4)	(5)	(6)	(7)	(8)	(9)	(10)
			查表			(4)-(3)			(5)+(6)-(7)	$\frac{(5)}{(8)}\times(2)$	

上交试验报告，请学生沿此线撕下

试验四　液塑限联合测定法

液塑限联合测定法是根据圆锥仪的圆锥入土深度与其相应的含水率在双对数坐标上具有线性关系的特性来进行的。

一、试验目的

联合测定土的液限和塑限,用于塑性指数和液性指数的计算以及黏性土的分类,供工程设计和施工使用。

二、试验方法

利用圆锥质量为76g的液塑限联合测定仪,测得土在不同含水率时的圆锥下沉深度,并绘制其关系直线图,在图上查得圆锥下沉深度为10mm(或17mm)所对应的含水率即为液限,查得圆锥下沉深度为2mm所对应的含水率即为塑限。

三、仪器设备

(1)液塑限联合测定仪(图4-1):带标尺的圆锥仪、电磁铁、显示屏、控制开关和试样杯;圆锥质量为76g,锥角为30°,读数显示为光电式;试样杯内径为40~50mm,高度为30~40mm。

(2)天平:称量200g,分度值0.01g。

(3)其他:烘箱、干燥器、称量盒、调土刀、孔径为0.5mm的筛、研钵、凡士林等。

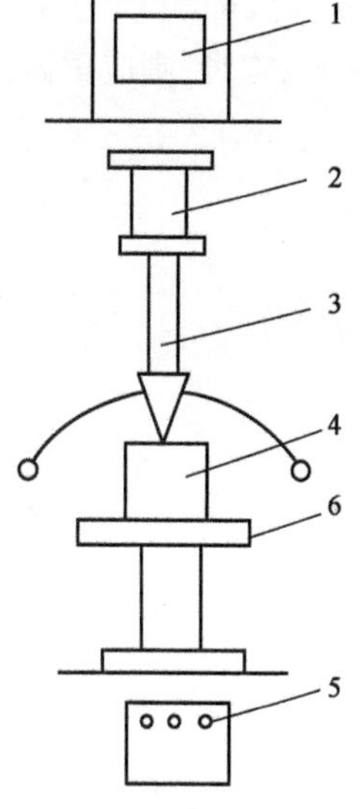

图4-1　液塑限联合测定仪示意图
1-显示屏;2-电磁铁;3-带标尺的圆锥仪;4-试样杯;5-控制开关;6-升降座

四、操作步骤

(1)宜采用天然含水率土样,但也可采用风干土样,当试样中含有粒径大于0.5mm的土粒和杂物时,应过0.5mm筛。

(2)当采用天然含水率土样时,取代表性试样250g。采用风干土样时,取过0.5mm筛的代表性试样200g。将试样放在橡皮板上用纯水调制成均匀膏状,放入调土皿,盖上湿布,浸润过夜,一般要求浸润时间在18h以上。

(3)将制备好的试样用调土刀充分调拌均匀后,分层装入试样杯中,并注意土中不能留有空隙,装满试杯后刮去余土使土样与杯口齐平,并将试样杯放在联合测定仪的升降座上。

(4)将圆锥仪擦拭干净,并在锥尖上涂抹一薄层凡士林,然后接通电源,使电磁铁吸住圆锥。

(5)调节零点,使屏幕上的标尺调在零位,然后转动升降旋钮,试样杯则徐徐上升,当锥尖刚好接触试样表面时,指示灯亮或蜂鸣器响起,然后立即停止转动旋钮。

(6)启动控制开关,圆锥在自重下沉入试样,经5s后,测读显示在屏幕上的圆锥下沉深度，然后取出试样杯，挖去锥尖入土处的凡士林，取锥体附近的试样不少于10g，放入称量盒内，测定含水率。

(7)将试样从试样杯中全部挖出，再加水或吹干并调匀，重复以上(3)~(6)的试验步骤，分别测定试样在不同含水率下的圆锥下沉深度。液塑限联合测定需至少测3个不同含水率下的圆锥入土深度，其圆锥入土深度宜分别控制在3~5mm、7~9mm和15~17mm。

五、成果整理

(1)含水率计算

$$w = \frac{m_2 - m_1}{m_1 - m_0} \times 100 \tag{4-1}$$

式中：w——含水率(%)，精确至0.1%；

m_1——干土加称量盒质量(g)；

m_2——湿土加称量盒质量(g)；

m_0——称量盒质量(g)。

(2)液限和塑限确定

以含水率为横坐标、以圆锥下沉深度为纵坐标，在双对数坐标纸上绘制含水率与圆锥下沉深度的关系曲线，如图4-2所示。三点应在一直线上，如图中A线所示。当三点不在同一直线上时，通过高含水率的点与其余两点连成两条直线，在圆锥下沉深度为2mm处查得相应的两个含水率，当所查得的两个含水率差值小于2%时，应以两个含水率平均值的点(仍在圆锥下沉深度为2mm处)与高含水率的点再连一直线，如图中B线所示，若两个含水率的差值大于或等于2%时，则应重做试验。

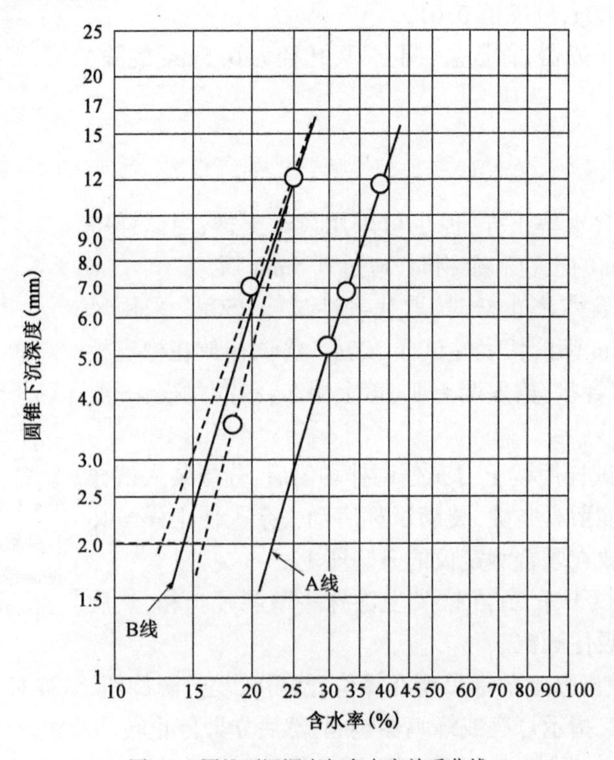

图4-2 圆锥下沉深度与含水率关系曲线

在含水率与圆锥下沉深度的关系图（图4-2）中查得圆锥下沉深度为10mm时所对应的含水率为10mm液限；查得圆锥下沉深度为17mm时所对应的含水率为17mm液限；查得圆锥下沉深度为2mm时所对应的含水率为塑限，取值以百分数表示，准确至0.1%。

（3）塑性指数计算

$$I_P = w_L - w_P \tag{4-2}$$

式中：I_P——塑性指数，精确至0.1；

w_L——液限（%）；

w_P——塑限（%）。

（4）液性指数计算

$$I_L = \frac{w_0 - w_P}{I_P} = \frac{w_0 - w_P}{w_L - w_P} \tag{4-3}$$

式中：I_L——液性指数，精确至0.0l；

w_0——天然含水率（%）；

其余符号意义同上。

（5）试验记录

液塑限联合测定法试验记录见报告4-1（英文版见Report 4-1）。

上交试验报告，请学生沿此线撕下

报告 4-1

液塑限联合测定法试验记录表

学　号＿＿＿＿＿＿＿＿　　　　班　级＿＿＿＿＿＿＿＿

姓　名＿＿＿＿＿＿＿＿　　　　日　期＿＿＿＿＿＿＿＿

试样编号	1	2	3	4
圆锥下沉深度(mm)				
盒号				
盒质量(g)				
盒＋湿土质量(g)				
盒＋干土质量(g)				
湿土质量(g)				
干土质量(g)				
水的质量(g)				
含水率(%)				
液限 w_L(%)				
塑限 w_P(%)				
塑性指数 I_P				
土的分类				

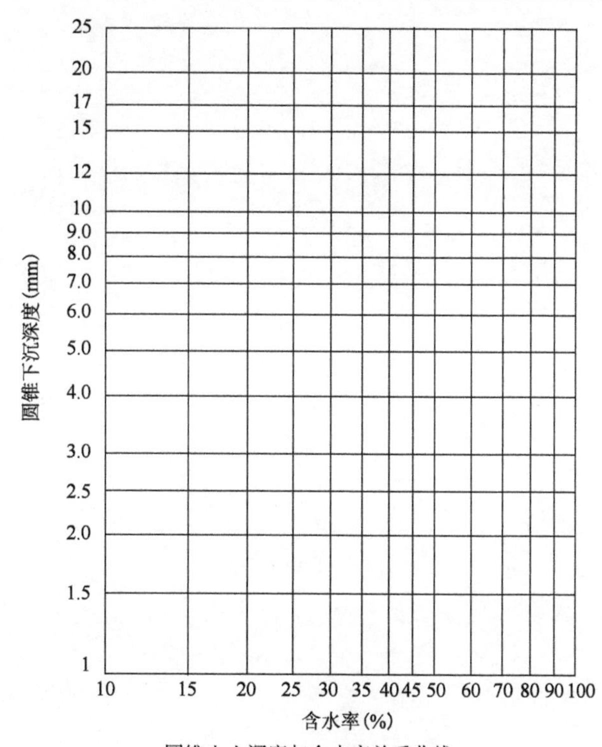

圆锥入土深度与含水率关系曲线

上交试验报告，请学生沿此线撕下

Report 4-1

Data set for combined liquid and plastic limit test

Student ID ________________ Class ________________

Name ________________ Date ________________

Sample number	1	2	3	4
Cone penetration (mm)				
Box number				
Mass of box(g)				
Mass of box and wet soil(g)				
Mass of box and dry soil (g)				
Mass of wet soil (g)				
Mass of dry soil (g)				
Water mass (g)				
Water content (%)				
Liquid limit w_L(%)				
Plastic limit w_P(%)				
Plasticity index I_P				
Type of soil				

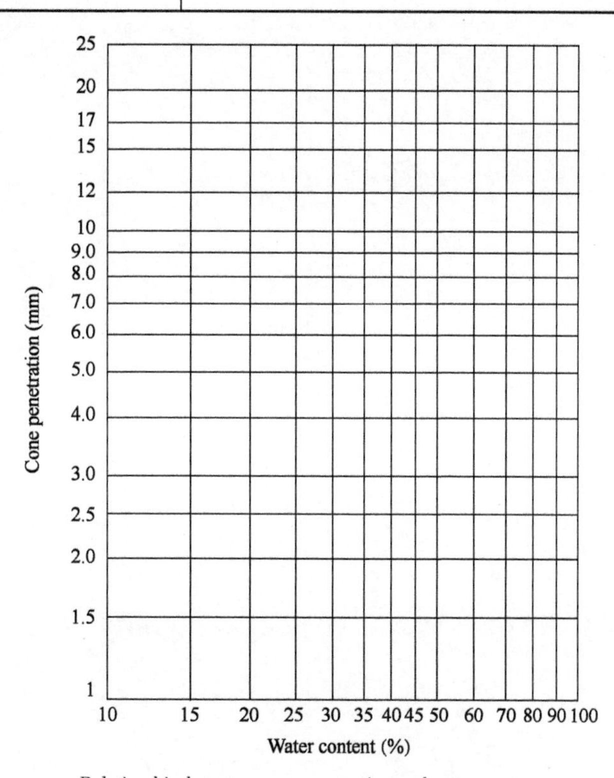

Relationship between cone penetration and water content

试验五　圆锥仪液限试验

液限试验亦称流限试验，液限是区分黏性土可塑状态和流动状态的界限含水率。

一、试验目的

测定土的液限，可用于计算土的塑性指数和液性指数，并可作为黏性土分类以及估算地基土承载力等的依据之一。

二、试验方法

圆锥仪液限试验是将质量为76g的圆锥仪轻放在试样的表面，使其在自重作用下沉入土中，若圆锥仪经过5s沉入土中的深度恰好为10mm，此时试样的含水率即为液限。

三、仪器设备

(1)圆锥液限仪(图5-1)：

①质量为76g带有平衡装置的圆锥仪(锥体为30°，高为25mm)；

②用金属材料或有机玻璃制成的试杯(直径不小于4cm，高度不小于2cm)；

③硬木或金属制成的平稳底座。

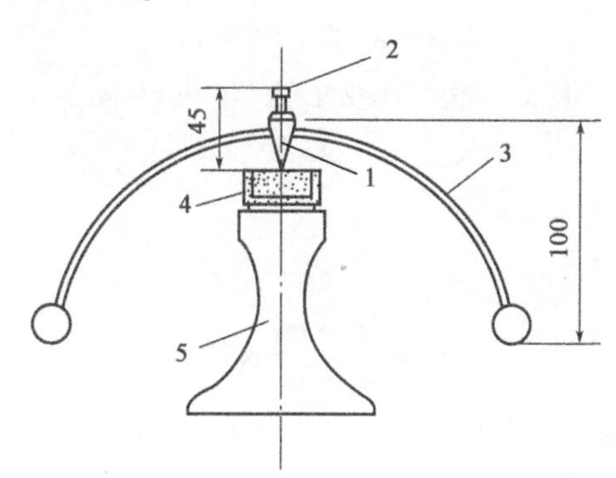

图5-1　圆锥液限仪(尺寸单位：mm)

1-锥身；2-手柄；3-平衡装置；4-试杯；5-底座

(2)天平：称量200g，分度值0.01g。

(3)烘箱、装有干燥剂的干燥容器。

(4)其他：称量盒、调土刀、小刀、毛玻璃板、滴管、吹风机、孔径为0.5mm的标准筛、研钵等。

四、操作步骤

(1)应尽可能选用具有代表性的天然含水率的土样来测定，若土中含有较多大于0.5mm的颗粒或夹有大量的杂物以及由于条件限制只能采用风干土样时，应将风干土样研碎并通过

0.5mm 的标准筛。

(2)当采用天然含水率土样时,取代表性土样 250g,将土样放在橡皮板或毛玻璃板上搅拌均匀;当采用风干土样时,取过0.5mm 筛的代表性土样 200g,将试样放在橡皮板上用纯水将土样调成均匀膏状,然后放入调土皿中,盖上湿布,浸润过夜。

(3)将土样用调土刀充分调拌均匀后,分层装入试样杯中,并注意土中不能留有空隙,装满试杯后刮去余土,使土样与杯口齐平,并将试样杯放在底座上。

(4)将圆锥仪擦拭干净,并在锥尖上涂抹一薄层凡士林,两指捏住圆锥仪手柄,保持锥体垂直,当圆锥仪锥尖与试样表面正好接触时,轻轻松手让锥体自由沉入土中。

(5)放锥后经约 5s,如果锥体下沉深度恰好在 10mm 的圆锥环状刻度线处,此时土的含水率即为液限。

(6)若锥体入土深度超过或小于 10mm 时,表示试样的含水率高于或低于液限,应该用小刀挖去沾有凡士林的土,然后将土样全部取出,放在橡皮板或毛玻璃板上,根据土样的干湿情况,适当加纯水或边调拌边风干重新拌和。然后重复以上(3)~(5)的试验步骤。

(7)取出锥体,用小刀挖去沾有凡士林的土,然后取锥孔附近土样 10~15g,放入称量盒内,测定其含水率,此含水率即为液限。

锥式液限仪沉入土体的几种情况如图 5-2 所示。

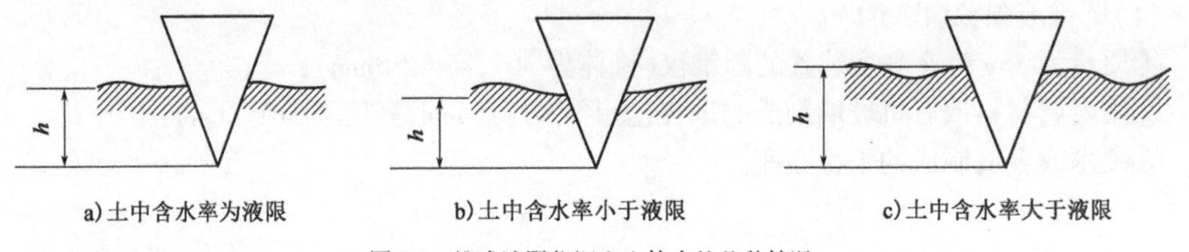

图 5-2　锥式液限仪沉入土体中的几种情况

五、成果整理

1. 液限计算

$$w_L = \frac{m_2 - m_1}{m_1 - m_0} \times 100 \tag{5-1}$$

式中:w_L——液限(%),精确至 0.1%;

m_1——干土加称量盒质量(g);

m_2——湿土加称量盒质量(g);

m_0——称量盒质量(g)。

液限试验需进行两次平行测定,并取其算术平均值,两次的差值一般不得大于 2%。

2. 试验记录

圆锥仪液限试验记录见表 5-1。

圆锥仪液限试验记录表

表 5-1

学　号________________　　　　班　级________________

姓　名________________　　　　日　期________________

试样编号	盒号	盒加湿土质量(g)	盒加干土质量(g)	盒质量(g)	水质量(g)	干土质量(g)	液限(%)	液限平均值(%)
		(1)	(2)	(3)	(4)	(5)	(6)	(7)
					(1) - (2)	(2) - (3)	$\frac{(4)}{(5)}\times 100$	

上交试验报告，请学生沿此线撕下

试验六　搓滚法塑限试验

塑限是区分黏性土可塑状态与半固体状态的界限含水率。

一、试验目的

测定土的塑限，并与液限试验和含水率试验结合，可用来计算土的塑性指数和液性指数，并可作为黏性土的分类以及估算地基土承载力的依据之一。

二、试验方法

土的塑限试验采用搓滚法。

三、仪器设备

（1）毛玻璃板：尺寸约为200mm×300mm×5mm。
（2）钢棒：直径为3mm，长10cm左右。
（3）卡尺：分度值0.02mm。
（4）天平：称量200g，分度值0.01g。
（5）其他：烘箱、干燥器、称量盒、调土刀、调土皿、滴瓶、吹风机等。

四、操作步骤

（1）取天然含水率状态下有代表性试样或过0.5mm筛的代表性风干试样100g，放在调土皿中加纯水拌匀，盖上湿布，湿润静置过夜。

（2）将制备好的试样在手中揉捏至不粘手，然后将试样捏扁，若出现裂缝，则表示其含水率已接近塑限。

（3）取接近塑限含水率的试样8～10g，先用手将试样捏成手指大小的土团（椭圆形或球形），然后再放在毛玻璃板上用手掌轻轻搓滚，搓滚时应以手掌均匀施压于土条上，不得使土条在毛玻璃板上无压力滚动，在任何情况下土条不得有空心现象，土条长度不宜大于手掌宽度，在搓滚时土条不得从手掌下任一边脱出。

（4）当土条直径搓至3mm时，表面产生许多裂缝，并开始断裂，此时试样的含水率即为塑限。若土条直径搓至3mm时，仍未产生裂缝或断裂，表示试样的含水率高于塑限；若土条直径在大于3mm时已开始断裂，表示试样的含水率低于塑限，都应重新取样进行试验。

（5）取直径3mm且有裂缝的土条3～5g，放入称量盒内，随即盖紧盒盖，测定土条的含水率，此含水率即为塑限。

五、成果整理

1. 塑限计算

$$w_{\mathrm{P}} = \frac{m_2 - m_1}{m_1 - m_0} \times 100 \tag{6-1}$$

式中：w_P——塑限(%)，精确至0.1%；

m_1——干土加称量盒质量(g)；

m_2——湿土加称量盒质量(g)；

m_0——称量盒质量(g)。

塑限试验需进行两次平行测定，并取其算术平均值，两次的差值一般不得大于1%。

2. 试验记录

搓滚法塑限试验记录见表6-1。

上交试验报告，请学生沿此线撕下

搓滚法塑限试验记录表

表 6-1

学　号________________　　班　级________________

姓　名________________　　日　期________________

试样编号	盒号	盒加湿土质量(g)	盒加干土质量(g)	盒质量(g)	水质量(g)	干土质量(g)	塑限(%)	塑限平均值(%)
		(1)	(2)	(3)	(4)	(5)	(6)	(7)
					(1)－(2)	(2)－(3)	$\frac{(4)}{(5)}\times 100$	

试验七　筛析法颗粒分析试验

颗粒分析试验是测定土中各种粒组质量占该土总质量百分数的试验方法，可分为筛析法和沉降分析法。对于粒径大于0.075mm的土粒可用筛析法来测定，而对于粒径小于0.075mm的土粒则用沉降分析方法（密度计法或移液管法）来测定。

一、试验目的

筛析法测定土中粒径大于0.075mm的各种粒组质量占该土总质量的百分数，以便了解土粒组成情况，并可作为无黏性土分类的依据以及供土工建筑物选料之用。

二、试验方法

筛析法是将土样通过各种不同孔径的筛子，并按筛子孔径的大小将颗粒加以分组，然后再称量并计算出各个粒组质量占总质量的百分数。筛析法是测定土的颗粒组成最简单的一种试验方法，适用于粒径为0.075～60mm的土。

三、仪器设备

(1)试验筛。

①圆孔粗筛：孔径60mm、40mm、20mm、10mm、5mm和2mm。

②圆孔细筛：孔径2mm、1mm、0.5mm、0.25mm、0.1mm和0.075mm。

(2)天平：称量5000g，分度值1g；称量1000g，分度值0.1g；称量200g，分度值0.01g。

(3)振筛机：筛析过程中应能上下振动、水平转动。

(4)其他：烘箱、量筒、漏斗、研钵、瓷盘、毛刷等。

四、操作步骤

先用风干法制样，然后从风干松散的土样中，按表7-1称取有代表性的试样，称量应精确至0.1g，当试样质量超过500g时，称量应精确至1g。

筛析法取样质量　　表7-1

颗粒粒径尺寸(mm)	取样质量(g)
<2	100～300
<10	300～1000
<20	1000～2000
<40	2000～4000
<60	4000以上

1.砂砾土

(1)将按表7-1称取的试样过2mm筛，分别称出留在筛子上和通过筛孔的试样质量。当筛下的试样质量小于试样总质量的10%时，不做细筛分析；当筛上的试样质量小于试样总质量的10%时，不做粗筛分析。

(2)取2mm筛上的试样倒入依次叠好的粗筛的最上层筛中，进行粗筛分析，然后再取2mm筛下的试样倒入依次叠好的细筛的最上层筛中，进行细筛分析。细筛宜置于振筛机上进行振筛，振筛时间一般为10～15min。

(3)由最大孔径的筛开始，顺序将各筛取下，称取留在各级筛上及底盘内试样的质量，精确至0.1g。

(4)筛后各级筛上及底盘内试样质量的总和与筛前试样总质量的差值，不得大于试样总质量的1%。

2. 含有黏土粒的砂砾土

(1)将按表7-1称取的代表性试样，置于盛有清水的容器中，用搅拌棒充分搅拌，使试样的粗细颗粒完全分离。

(2)将容器中的悬液通过2mm筛，取留在筛上的试样烘至恒重，并称取烘干试样质量，精确到0.1g。

(3)将粒径大于2mm的烘干试样倒入依次叠好的粗筛的最上层筛中，进行粗筛筛析。由最大孔径的筛开始，依序将各筛取下，称取留在各级筛上及底盘内试样的质量，精确至0.1g。

(4)取通过2mm筛下的悬液，用带橡皮头的研杆研磨，然后再过0.075mm筛，并将留在0.075mm筛上的试样烘至恒量，称烘干试样质量，精确至0.1g。

(5)将粒径大于0.075mm的烘干试样倒入依次叠好的细筛的最上层筛中，进行细筛分析。细筛宜置于振筛机上进行振筛，振筛时间一般为10～15min。

(6)当粒径小于0.075mm的试样质量大于试样总质量的10%时，应采用密度计法或移液管法测定小于0.075mm的颗粒组成。

五、成果整理

1. 计算

小于某粒径的试样质量占试样总质量的百分比可按式(7-1)计算。

$$X=\frac{m_{\mathrm{A}}}{m_{\mathrm{B}}}\cdot d_x \tag{7-1}$$

式中：X——小于某粒径的试样质量占试样总质量的百分比(%)，精确至0.1%；

m_{A}——小于某粒径的试样质量(g)；

m_{B}——细筛分析时为小于2mm的试样质量；粗筛分析时为试样总质量(g)；

d_x——粒径小于2mm的试样质量占试样总质量的百分比(%)，粗筛分析时$d_x=100\%$。

2. 制图

以小于某粒径的试样质量占试样总质量的百分比为纵坐标，以颗粒粒径为对数横坐标，在单对数坐标上绘制颗粒大小分布曲线。

不均匀系数按式(7-2)计算。

$$C_{\mathrm{u}}=\frac{d_{60}}{d_{10}} \tag{7-2}$$

式中：C_{u}——不均匀系数，精确至0.1；

d_{60}——限制粒径(mm),在颗粒大小分布曲线上小于该粒径的土质量占土总质量的60%;

d_{10}——有效粒径(mm),在颗粒大小分布曲线上小于该粒径的土质量占土总质量的10%。

曲率系数按式(7-3)计算。

$$C_c = \frac{d_{30}^2}{d_{60} \cdot d_{10}} \tag{7-3}$$

式中:C_c——曲率系数,精确至0.1;

d_{30}——在颗粒大小分布曲线上小于该粒径的土质量占土总质量30%的粒径(mm)。

3. 试验记录

筛析法颗粒分析试验记录见报告7-1(英文版见 Report 7-1)。

报告 7-1

颗粒大小分析试验记录表(筛析法)

学　号________________　　　　　班　级________________

姓　名________________　　　　　日　期________________

风干土质量 =______________g　　　　小于 0.075mm 的土占总土质量百分数 =______________%

2mm 筛上土质量 =______________g　　　　小于 2mm 的土占总土质量百分数 d_x =______________%

2mm 筛下土质量 =______________g　　　　细筛分析时所取试样质量 =______________g

筛号	孔径 (mm)	留筛土质量 (g)	累积留筛 土质量 (g)	小于该孔径的 土质量 (g)	小于该孔径的 土质量百分数 (%)	小于该孔径的 总土质量百分数 (%)
底盘 总计						

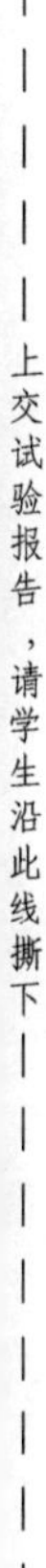

上交试验报告，请学生沿此线撕下

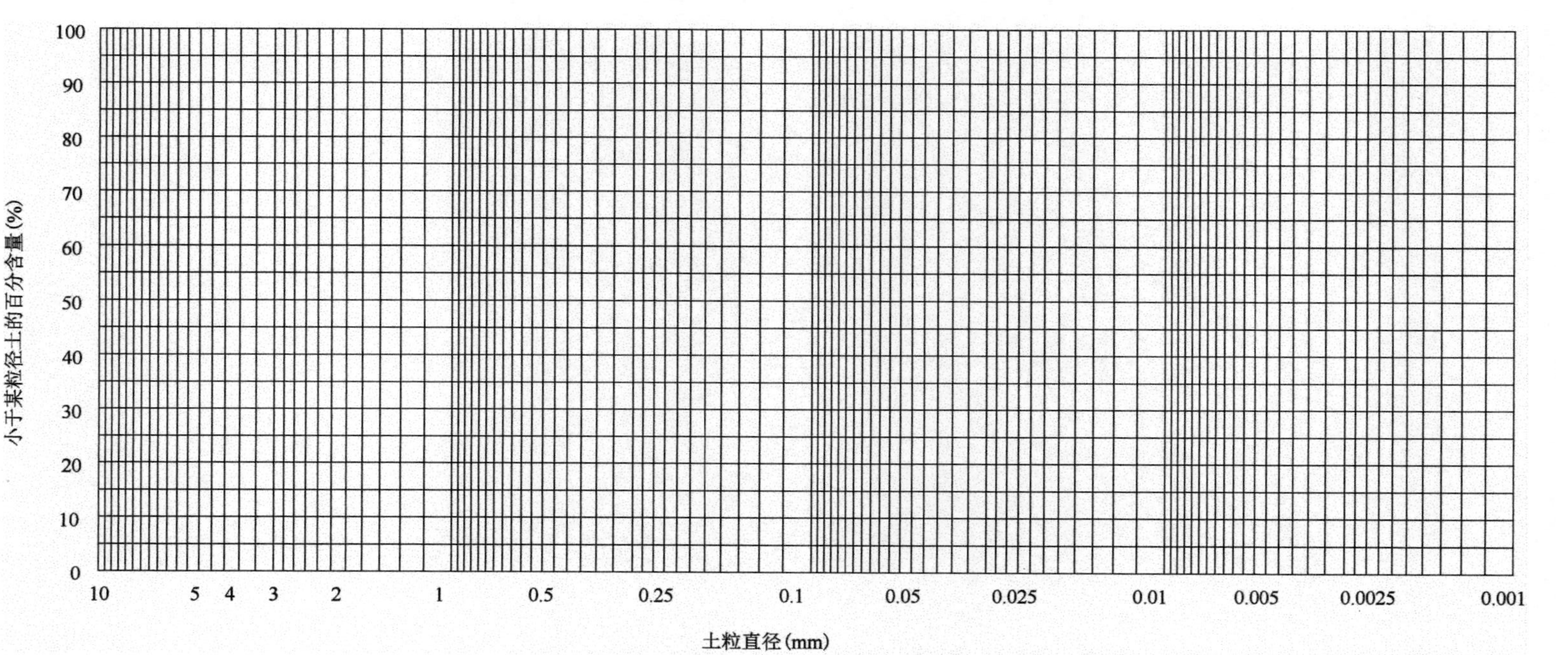

颗粒大小分布曲线

颗粒名称	砾	砂粒			粉粒	黏粒	土样名称
颗粒粒径(mm)	>2	2~0.5	0.5~0.25	0.25~0.075	0.075~0.005	<0.005	
百分比(%)							

学号　　姓名　　班级　　日期

Report 7-1

Data set for grain size analysis

Student ID ________________ Class ________________

Name ________________ Date ________________

Dry sample mass = ________________ g Percent finer than 0.075mm by total weight = ________________ %

Mass retained on sieve 2mm = ________________ g Percent finer than 2mm by total weight d_x = ________________ %

Mass passed sieve 2mm = ________________ g Mass finer than 2mm = ________________ g

Sieve number	Sieve opening (mm)	Mass retained (g)	Cumulative mass retained (g)	Mass passing (g)	Percent finer by weight (%)	Percent finer by total weight (%)
Total mass						

上交试验报告，请学生沿此线撕下

上交试验报告，请学生沿此线撕下

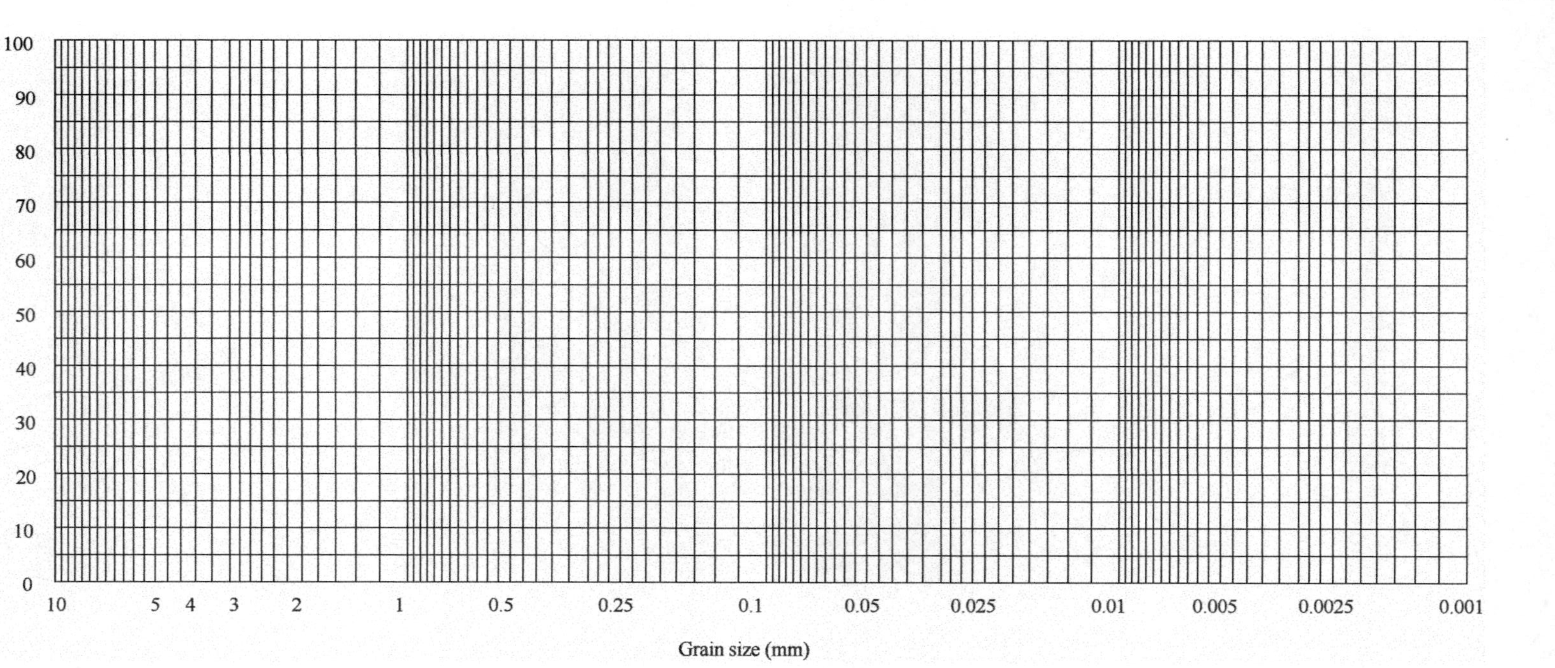

Particle size distribution curve

Type of particle	Gravel	Sand			Silt	Clay	Type of soil
Grain size(mm)	>2	2 ~ 0.5	0.5 ~ 0.25	0.25 ~ 0.075	0.075 ~ 0.005	<0.005	
Percent(%)							

Student ID　　　　Name　　　　Class　　　　Date

试验八　密度计法颗粒分析试验

密度计法颗粒分析试验是依据司笃克斯(Stokes)定律进行测定的。当土粒在液体中靠自重下沉时,较大的颗粒下沉较快,而较小的颗粒下沉较慢。一般认为,对于粒径为0.2～0.002mm的颗粒,在液体中靠自重下沉时,作等速运动,这符合司笃克斯定律。密度计法是沉降分析法的一种,只适用于粒径小于0.075mm的试样。

一、试验目的

测定土中粒径小于0.075mm的各种粒组所占该土总质量的百分数,以便了解粒径小于0.075mm的土粒组成情况。

二、试验方法

密度计法是将一定量的土样(粒径<0.075mm)放在量筒中,然后加纯水,经过搅拌,使土的大小颗粒在水中均匀分布,制成一定量的均匀浓度的土悬液(1000mL)。静置悬液,让土粒沉降,在土粒下沉过程中,用密度计测出在悬液中对应于不同时间的不同悬液密度,根据密度计读数和土粒的下沉时间,计算出小于某一粒径d(mm)的颗粒占土样的百分数。

三、仪器设备

(1)密度计:

①甲种密度计,刻度单位以在摄氏20℃时每1000mL悬液内所含土质量的克数来表示,刻度为-5～50,分度值为0.5。

②乙种密度计,刻度单位以在摄氏20℃时悬液的比重来表示,刻度为0.995～1.020,分度值为0.0002。

(2)量筒:高约45cm,内径约6cm,容积1000mL。

(3)细筛:孔径0.1mm、0.25mm、0.5mm、1mm、2mm;洗筛:孔径0.075mm。

(4)洗筛漏斗:上口直径略大于洗筛直径,下口直径略小于量筒内径。

(5)烘箱:自动恒温控制。

(6)天平:称量1000g,分度值0.1g;称量200g,分度值0.01g。

(7)温度计:刻度0～50℃,分度值0.5℃。

(8)搅拌器:轮径为50mm,孔径为3mm,杆长约400mm,带螺旋叶。

(9)煮沸设备:电砂浴或电热板(附冷凝管装置)。

(10)分散剂:4%六偏磷酸钠溶液。

(11)其他:500mL锥形烧瓶、蒸发皿、橡皮头研棒、量杯、秒表、干燥器等。

四、操作步骤

(1)密度计法宜采用风干土试样。当试样中易溶盐含量大于总质量的0.5%时,应洗盐。

(2)称取具有代表性的风干试样200～300g,过2mm筛,并求出留在筛上试样占试样总质量的百分比。

(3)测定通过2mm筛试样的风干含水率。

(4)称取干土质量为30g的风干试样,所需风干试样的质量可按式(8-1)计算。

$$m_0 = m_d(1 + 0.01w_0) \tag{8-1}$$

式中:m_0——风干试样质量(g),精确至0.01g;

m_d——试样干质量($m_d = 30g$);

w_0——风干试样含水率。

(5)将风干试样倒入500mL锥形瓶,注入200mL纯水,浸泡过夜。

(6)将锥形瓶置于煮沸设备上煮沸,煮沸时间约为1h。

(7)将冷却后的悬液倒入烧杯中,静置1min,并将上部悬液通过0.075mm筛,遗留杯底的沉淀物用带橡皮头研杆研散,加适量水搅拌,静置1min,再将上部悬液通过0.075mm筛,如此重复进行,直至静置1min后,上部悬液澄清为止,最后所得悬液不得超过1000mL。

(8)将筛上和杯中砂粒合并洗入蒸发皿中,倒去清水,烘干,称量,然后进行细筛分析,并计算大于0.075mm的各级颗粒占试样总质量的百分比。

(9)将已通过0.075mm筛的悬液倒入量筒内,加入10mL的4%六偏磷酸钠分散剂,再注入纯水至1000mL。

(10)用搅拌器在量筒内,沿悬液深度上下搅拌1min,往复约30次,使悬液内土粒均匀分布,但在搅拌时注意不能使悬液溅出筒外。

(11)取出搅拌器,将密度计放入悬液中,同时开动秒表,测记0.5min、1min、2min、5min、15min、30min、60min、120min、180min和1440min时的密度计读数。每次读数前10~20s,均应将密度计放入悬液中,且保持密度计浮泡在量筒中心,不得贴近量筒内壁。

(12)每次读数后,应取出密度计,放入盛有纯水的量筒中,并测定相应的悬液温度,精确至0.5℃,放入或取出密度计时,小心轻放,不得扰动悬液。

(13)密度计读数均以弯液面上缘为准。甲种密度计应准确至0.5,乙种密度计应精确至0.0002。

五、成果整理

(1)根据每一读数求得土粒沉降距离,计算颗粒直径,再根据每一悬液读数及纯水读数计算小于某直径土粒质量占土总质量的百分数,并绘制颗粒大小分布曲线。

(2)按式(8-2)或式(8-3)计算小于某粒径的土质量占土总质量的百分数:

甲种密度计:

$$X = \frac{100}{m_d} C_S (R + m_T + n - C_D) \tag{8-2}$$

乙种密度计:

$$X = \frac{100V}{m_d} C'_S [(R' - 1) + m'_T + n' - C'_D] \cdot \rho_{w20} \tag{8-3}$$

式中:X——小于某粒径的试样质量百分比(%),精确至0.1%;

m_d——试样干质量(g);

C_S——甲种密度计的土粒比重校正值,可按式(8-4)计算,或查表8-1:

$$C_S = \frac{\rho_s}{\rho_s - \rho_{w20}} \times \frac{2.65 - \rho_{w20}}{2.65} \tag{8-4}$$

C'_S——乙种密度计的土粒比重校正值,可按式(8-5)计算,或查表8-1:

$$C'_S = \frac{\rho_s}{\rho_s - \rho_{w20}} \tag{8-5}$$

ρ_s——土粒密度(g/cm^3);

ρ_{w20}——20℃时水的密度(g/cm^3),$\rho_{w20} = 0.998232g/cm^3$;

R、R'——甲、乙种密度计读数;

m_T、m'_T——甲、乙种密度计的悬液温度校正值,可查表8-2;

n、n'——甲、乙种密度计的弯液面校正值;

C_D、C'_D——甲、乙种密度计的分散剂校正值;

V——悬液体积(=1000mL)。

土粒比重校正值表

表8-1

土粒比重	比重校正值	
	甲种密度计(C_S)	乙种密度计(C'_S)
2.50	1.038	1.666
2.52	1.032	1.658
2.54	1.027	1.649
2.56	1.022	1.641
2.58	1.017	1.632
2.60	1.012	1.625
2.62	1.007	1.617
2.64	1.002	1.609
2.66	0.998	1.603
2.68	0.993	1.595
2.70	0.989	1.588
2.72	0.985	1.581
2.74	0.981	1.575
2.76	0.977	1.568
2.78	0.973	1.562
2.80	0.969	1.556
2.82	0.965	1.549
2.84	0.961	1.543
2.86	0.958	1.538
2.88	0.954	1.532

温度校正值表 表8-2

悬液温度（℃）	甲种比重计温度校正值 m_T	乙种比重计温度校正值 m'_T	悬液温度（℃）	甲种比重计温度校正值 m_T	乙种比重计温度校正值 m'_T
10.0	-2.0	-0.0012	20.5	+0.1	+0.0001
10.5	-1.9	-0.0012	21.0	+0.3	+0.0002
11.0	-1.9	-0.0012	21.5	+0.5	+0.0003
11.5	-1.8	-0.0011	22.0	+0.6	+0.0004
12.0	-1.8	-0.0011	22.5	+0.8	+0.0005
12.5	-1.7	-0.0010	23.0	+0.9	+0.0006
13.0	-1.6	-0.0010	23.5	+1.1	+0.0007
13.5	-1.5	-0.0009	24.0	+1.3	+0.0008
14.0	-1.4	-0.0009	24.5	+1.5	+0.0009
14.5	-1.3	-0.0008	25.0	+1.7	+0.0010
15.0	-1.2	-0.0008	25.5	+1.9	+0.0011
15.5	-1.1	-0.0007	26.0	+2.1	+0.0013
16.0	-1.0	-0.0006	26.5	+2.2	+0.0014
16.5	-0.9	-0.0006	27.0	+2.5	+0.0015
17.0	-0.8	-0.0005	27.5	+2.6	+0.0016
17.5	-0.7	-0.0004	28.0	+2.9	+0.0018
18.0	-0.5	-0.0003	28.5	+3.1	+0.0019
18.5	-0.4	-0.0003	29.0	+3.3	+0.0021
19.0	-0.3	-0.0002	29.5	+3.5	+0.0022
19.5	-0.1	-0.0001	30.0	+3.7	+0.0023
20.0	+0.0	+0.0000			

（3）按式（8-6）司笃克公式计算土粒直径：

$$d=\sqrt{\frac{1800\times 10^{4}\cdot\eta}{(G_s-G_{wT})\rho_{w0}g}\cdot\frac{L_t}{t}}=K\sqrt{\frac{L_t}{t}} \tag{8-6}$$

式中：d——试样颗粒粒径（mm），精确至0.0001mm；

η——水的动力黏滞系数（$kPa\cdot s\times 10^{-6}$），与温度有关；

G_s——土粒比重；

G_{wT}——T℃时水的比重；

ρ_{w0}——4℃时纯水的密度（g/cm^3）；

L_t——某一时间内的土粒沉降距离（cm）；

t——沉降时间（s）；

g——重力加速度（cm/s^2）；

K——粒径计算系数[$=\sqrt{\frac{1800\times 10^{4}\cdot\eta}{(G_s-G_{wT})\rho_{w0}g}}$]，与悬液温度和土粒比重有关，可由表8-3查得。

粒径计算系数 $K\left[=\sqrt{\dfrac{1\,800\times10^{4}\cdot\eta}{(G_s-G_{wT})\rho_{w0}g}}\right]$值表　　表 8-3

温度(℃)	土粒比重								
	2.45	2.50	2.55	2.60	2.65	2.70	2.75	2.80	2.85
5	0.1385	0.1360	0.1339	0.1318	0.1298	0.1279	0.1261	0.1243	0.1226
6	0.1365	0.1342	0.1320	0.1299	0.1280	0.1261	0.1243	0.1225	0.1208
7	0.1344	0.1321	0.1300	0.1280	0.1260	0.1241	0.1224	0.1206	0.1189
8	0.1324	0.1302	0.1281	0.1260	0.1241	0.1223	0.1205	0.1188	0.1182
9	0.1304	0.1283	0.1262	0.1242	0.1224	0.1205	0.1187	0.1171	0.1164
10	0.1288	0.1267	0.1247	0.1227	0.1208	0.1189	0.1173	0.1156	0.1141
11	0.1270	0.1249	0.1229	0.1209	0.1190	0.1173	0.1156	0.1140	0.1124
12	0.1253	0.1232	0.1212	0.1193	0.1175	0.1157	0.1140	0.1124	0.1109
13	0.1235	0.1214	0.1195	0.1175	0.1158	0.1141	0.1124	0.1109	0.1094
14	0.1221	0.1200	0.1180	0.1162	0.1149	0.1127	0.1111	0.1095	0.1080
15	0.1205	0.1184	0.1165	0.1148	0.1130	0.1113	0.1096	0.1081	0.1067
16	0.1189	0.1169	0.1150	0.1132	0.1115	0.1098	0.1083	0.1067	0.1053
17	0.1173	0.1154	0.1135	0.1118	0.1100	0.1085	0.1069	0.1047	0.1039
18	0.1159	0.1140	0.1121	0.1103	0.1086	0.1071	0.1055	0.1040	0.1026
19	0.1145	0.1125	0.1103	0.1090	0.1073	0.1058	0.1031	0.1088	0.1014
20	0.1130	0.1111	0.1093	0.1075	0.1059	0.1043	0.1029	0.1014	0.10000
21	0.1118	0.1099	0.1081	0.1064	0.1043	0.1033	0.1018	0.1003	0.0990
22	0.1103	0.1085	0.1067	0.1050	0.1035	0.1019	0.1004	0.0990	0.09767
23	0.1091	0.1072	0.1055	0.1038	0.1023	0.1007	0.0993	0.09793	0.09659
24	0.1078	0.1061	0.1044	0.1028	0.1012	0.0997	0.09823	0.0960	0.09555
25	0.1065	0.1047	0.1031	0.1014	0.0999	0.09839	0.09701	0.09566	0.09434
26	0.1054	0.1035	0.1019	0.1003	0.09879	0.09731	0.09592	0.09455	0.09327
27	0.1041	0.1024	0.1007	0.09915	0.09767	0.09623	0.09482	0.09349	0.09225
28	0.1032	0.1014	0.09975	0.09818	0.09670	0.09529	0.09391	0.09257	0.09132
29	0.1019	0.1002	0.09859	0.09706	0.09555	0.09413	0.09279	0.09144	0.09028
30	0.1008	0.0991	0.09752	0.09597	0.09450	0.09311	0.09176	0.09050	0.08927
35	0.09565	0.09405	0.09255	0.09112	0.08968	0.08835	0.08708	0.08686	0.08468
40	0.09120	0.08968	0.08822	0.08684	0.08550	0.08424	0.08301	0.08186	0.08073

(4)制图。

以小于某粒径的试样质量占试样总质量的百分比为纵坐标，以颗粒粒径为对数横坐标，在半对数坐标上绘制颗粒大小分布曲线(图 7-1)。求出各粒组的颗粒质量百分数，且不大于 d_{10} 的数据点至少一个。

当试样中既有小于 0.075mm 的颗粒，又有大于 0.075mm 的颗粒，需进行密度计法和筛析法联合分析时，应考虑到小于 0.075mm 的试样质量占试样总质量的百分比，即应将按式(8-2)或式(8-3)所得的计算结果，再乘以小于 0.075mm 的试样质量占试样总质量的百分数，然后再分别绘制密度计法和筛析法所得的颗粒大小分布曲线，并将两段曲线连成一条平滑的曲线。

(5)试验记录。

密度计法颗粒分析试验记录见表 8-4。

颗粒大小分析试验记录表(密度计法) 表 8-4

学 号______________ 班 级______________

姓 名______________ 日 期______________

小于 0.075mm 颗粒土质量百分数 =______________% 密度计号______________

湿土质量 =______________g 量筒号______________

含 水 率 =______________% 烧瓶号______________

干土质量 =______________g 土粒比重______________

含 盐 量 =______________g 比重校正值______________

试样处理说明______________ 弯液面校正值______________

试验时间	下沉时间 t (min)	悬液温度 T (℃)	密度计读数					土粒落距 L_t (cm)	粒径 d (mm)	小于某粒径的土质量百分数 (%)	小于某粒径的总土质量百分数 X (%)
			密度计读数 (R)	温度校正值 (m_T)	分散剂校正值 (C_D)	$R_m = R + m_T + n - C_D$	$R_H = R_m C_S$				

上交试验报告，请学生沿此线撕下

试验九 渗透试验

在一定的孔隙水压力差作用下，存在于土体孔隙中的自由水透过这些孔隙发生流动的现象称为渗透或渗流。土的渗透性是指水在土的孔隙内发生流动的特性，而渗透系数 k 就是综合反映土体渗透能力的一个定量指标，测定土的渗透系数的试验即为土的渗透试验。

一、试验目的

测定土的渗透系数，可用于土坝、堤岸、填土、基坑、地基等的渗流量和渗透稳定性验算，地基的固结沉降计算，以及降排水设计、防冻胀设计、地基加固设计、施工选料和人工降低水位设计等，土的渗透系数的正确确定对于土的渗透计算有着非常重要的意义。

二、试验方法

渗透系数的室内试验方法可分为常水头渗透试验和变水头渗透试验两大类。常水头渗透试验主要适用于透水性较大的粗粒土渗透系数测定，变水头渗透试验主要适用于透水性较小的细粒土渗透系数测定。对于密实的黏性土，渗透系数一般很小，在水头差不大的情况下，通过土样的渗流十分缓慢且历时很长，可采用增加渗透压力的加荷渗透法测定土的渗透系数，以加快试验进程。

三、常水头渗透试验

常水头渗透试验是指在一定的水头差影响下对通过土样的渗流进行测定的渗透试验。

1. 仪器设备

(1)常水头渗透装置(图9-1)，包括：

①封底金属圆筒(高40cm，内径10cm)；

②金属孔板(放在距筒底5～10cm处)；

③测压孔三个，其中心距为10cm，与筒壁连接处装有铜丝网；

④玻璃测压管(玻璃管内径0.6cm左右，用橡皮管和测压孔相连接，固定于一直立木板上，旁有毫米尺，作测记水头之用，三管的零点应齐平)。

(2)供水瓶：容量5000mL。

(3)量杯：容量500mL。

(4)温度计：刻度0～50℃，分度值0.5℃。

(5)其他：秒表、击棒、橡皮管、管夹、支架等。

2. 操作步骤

(1)按图9-1将仪器装好，将调节管7与供水管9连通，使水流入仪器底部，直至其略高于金属孔板2为止，关止水夹10。

(2)称取一定质量的风干砂土(3～4kg)，精确至1.0g，并测定其风干含水率。将风干试样分层(每层厚2～3cm)装入金属圆筒内，用击棒轻轻捣实，并使其达到一定厚度，以控制其孔隙比。若砂样中含黏粒较多，装砂前应在钢丝网上加铺厚约2cm的粗砂，作为缓冲层，以防细颗粒被水冲走。

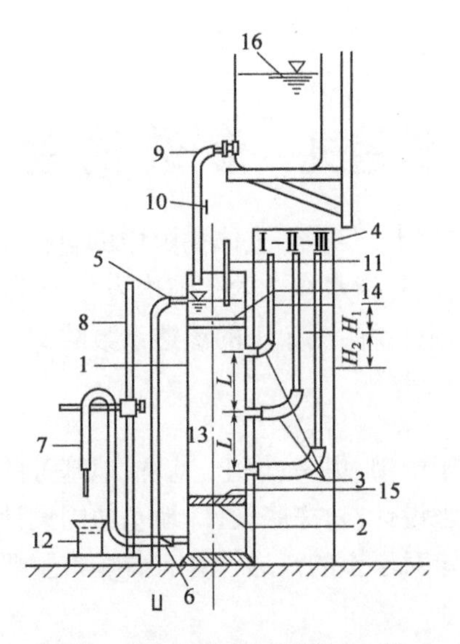

图 9-1　常水头渗透试验装置(70 型)

1-金属圆筒;2-金属孔板;3-测压孔;4-测压管;5-溢水孔;6-渗水孔;7-调节管;8-滑动支架;9-供水管;10-止水夹;11-温度计;12-量杯;13-试样;14-砾石层;15-铜丝网;16-供水瓶

(3)每层试样装好后,缓缓开启止水夹 10,使水由仪器底部向上渗入,并使试样逐渐饱和(水流须缓慢,以免冲动土样,且水面不得高出砂面),待饱和后,关上止水夹 10。同时注意测压管中水面情况及管中弯曲部分有无气泡。

(4)如此继续分层装砂并使其饱和,直至试样表面高出上测压孔 3~4cm 为止。量试样面至筒顶高度,与缓冲层顶面至筒顶的高度相减,可得试样高度 h。称取剩余试样质量,精确至 1.0g。计算所装试样总质量,并在试样顶面铺 1~2cm 厚的砾石层作为缓冲层,放水至水面高出砾石面 2~3cm 时关上止水夹 10。

(5)将调节管 7 在支架上移动,使其管口高于溢水孔 5。将供水管 9 与调节管 7 分开,并置于圆筒上部。开止水夹 10,使水由顶部注入圆筒,至水面与溢水孔 5 齐平为止。多余的水由溢水孔溢出,以保持水头恒定。

(6)检查测压管水头是否齐平,如不齐平,即表示仪器有漏水或集气现象,应立即检查校正。

(7)测压管及管路校正无误后,即可开始进行试验。降低调节管 7 的管口,当位于土样上部 1/3 高度处,使仪器中产生水头差时,水即渗过试样,经调节管流出。此时圆筒中水位要保持不变。

(8)当测压管水头稳定后,测定测压管水头,并计算测压管Ⅰ与测压管Ⅱ之间的水头差及测压管Ⅱ与测压管Ⅲ之间的水头差。

(9)开动秒表,用量筒自调节管 7 接取一定时间的渗透水量,并重复一次。注意调节管口不可没入水中。

(10)测记进水与出水处的水温,取其平均值。

(11)降低调节管 7 管口至试样中部及下部 1/3 高度处,以变更水力坡度,按第(7)~(10)条步骤重复进行试验。

3. 成果整理

(1)按式(9-1)~式(9-3)计算试样的干质量、干密度及孔隙比。

$$m_d = \frac{m}{1+0.01w} \tag{9-1}$$

$$\rho_d = \frac{m_d}{Ah} \tag{9-2}$$

$$e = \frac{G_s \rho_w}{\rho_d} - 1 \tag{9-3}$$

式中:m——风干试样总质量(g);

w——风干含水率(%);

m_d——试样干质量(g);

ρ_d——试样干密度(g/cm^3),精确至0.01g/cm^3;

h——试样高度(cm);

A——试样断面面积(cm^2);

e——试样孔隙比,精确至0.01;

G_s——土粒比重;

ρ_w——水的密度(g/cm^3)。

(2)按式(9-4)计算常水头渗透系数。

$$k_T = \frac{QL}{AHt} \tag{9-4}$$

式中:k_T——水温T℃时试验的渗透系数(cm/s),精确至0.001cm/s;

Q——时间t内的透水量(cm^3);

L——两测压孔中心的试样长度,$L=10cm$;

A——试样断面面积(cm^2);

H——平均水头差(cm);

t——时间(s)。

(3)按式(9-5)计算水温为20℃时的渗透系数。

$$k_{20} = k_T \frac{\eta_T}{\eta_{20}} \tag{9-5}$$

式中:k_{20}——水温为20℃时试样的渗透系数(cm/s),精确至0.001cm/s;

k_T——水温为T℃时试样的渗透系数(cm/s);

η_T——T℃时水的动力黏滞系数(kPa·s);

η_{20}——20℃时水的动力黏滞系数(kPa·s),η_T/η_{20}的比值与温度的关系可由表9-1查得。

(4)在计算所得到的渗透系数中,取3~4个在允许差值范围内的数据,并求其平均值,作为试样在该孔隙比e下的渗透系数,渗透系数的允许差值不大于2×10^{-n}cm/s。

(5)如有需要,可在装试样时控制不同孔隙比,测定不同孔隙比下的渗透系数,并绘制孔隙比与渗透系数的关系曲线。

水的动力黏滞系数 η 及黏滞系数比值 η_T/η_{20} 表 9-1

温度（℃）	动力黏滞系数（$\times 10^{-6}$）（kPa·s）	黏滞系数比值 η_T/η_{20}	温度（℃）	动力黏滞系数（$\times 10^{-6}$）（kPa·s）	黏滞系数比值 η_T/η_{20}
5.0	1.516	1.501	15.5	1.130	1.119
5.5	1.498	1.478	16.0	1.115	1.104
6.0	1.470	1.455	16.5	1.101	1.090
6.5	1.449	1.435	17.0	1.088	1.077
7.0	1.428	1.414	17.5	1.074	1.066
7.5	1.407	1.393	18.0	1.061	1.050
8.0	1.387	1.373	18.5	1.048	1.038
8.5	1.367	1.353	19.0	1.035	1.025
9.0	1.347	1.334	19.5	1.022	1.012
9.5	1.328	1.315	20.0	1.010	1.000
10.0	1.310	1.297	20.5	0.998	0.988
10.5	1.292	1.279	21.0	0.986	0.976
11.0	1.274	1.261	21.5	0.974	0.964
11.5	1.256	1.243	22.0	0.968	0.958
12.0	1.239	1.227	22.5	0.952	0.943
12.5	1.223	1.211	23.0	0.941	0.932
13.0	1.206	1.194	24.0	0.919	0.910
13.5	1.188	1.176	25.0	0.899	0.890
14.0	1.175	1.168	26.0	0.879	0.870
14.5	1.160	1.148	27.0	0.859	0.850
15.0	1.144	1.133	28.0	0.841	0.833

4. 试验记录

常水头渗透试验记录见表 9-2。

常水头渗透试验记录表

表 9-2

学　号________________　　　　班　级________________

姓　名________________　　　　日　期________________

试样高度 h = __________ cm　　　干土质量 m_d = ________ g

试样面积 A = __________ cm^2　　　土粒比重 G_s = ________

测压孔中心间距 L = __________ cm　　　孔隙比 e = ________

经过时间 t (s)	测压管水位 (cm)			水位差 (cm)			水力梯度 i	渗透水量 Q (cm^3)	渗透系数 k_T (cm/s)	平均水温 T (℃)	校正系数 η_T/η_{20}	水温20℃时渗透系数 k_{20} (cm/s)	平均渗透系数 $\bar{k}_{20}$ (cm/s)
	Ⅰ管	Ⅱ管	Ⅲ管	H_1	H_2	平均值 H							
(1)	(2)	(3)	(4)	(5)	(6)	(7)	(8)	(9)	(10)	(11)	(12)	(13)	(14)
				(2) − (3)	(3) − (4)	$\frac{(5)+(6)}{2}$	$\frac{(7)}{L}$	(9)	$\frac{(9)}{A\times(8)\times(1)}$			(10) × (12)	

上交试验报告，请学生沿此线撕下

四、变水头渗透试验

变水头渗透试验是指在变化的水头压力下对通过土样的渗流进行测定的渗透试验。

1. 仪器设备

变水头渗透仪见图9-2,主要包括:

(1)渗透容器(图9-3):由环刀、透水石、套筒、上盖和下盖组成,环刀内径61.8mm,高40mm,透水石的渗透系数应大于10^{-3}cm/s。

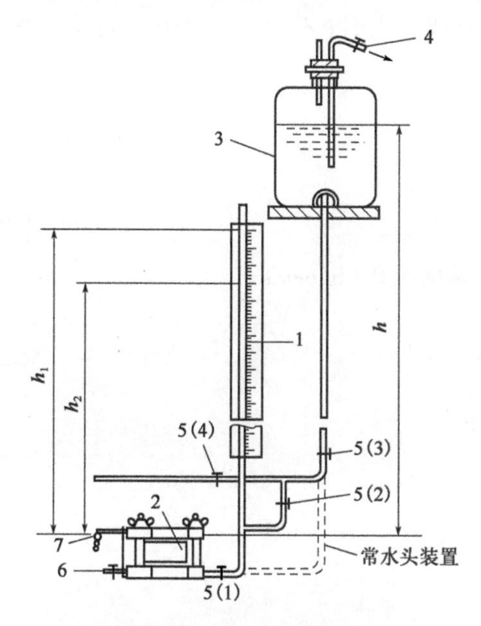

图9-2 变水头渗透试验装置

1-变水头管;2-渗透容器;3-供水瓶,容量为5000mL;4-接水源;5-止水夹;6-排气管;7-出水管

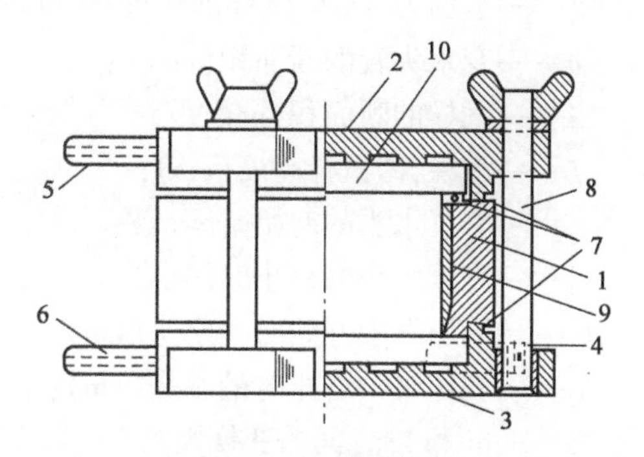

图9-3 渗透容器图

1-套筒;2-上盖;3-下盖;4-进水管;5-出水管;6-排气管;7-橡皮圈;8-螺栓;9-环刀;10-透水石

(2)变水头装置:由温度计(分度值0.2℃)、渗透容器、变水头管、供水瓶、进水管等组成。变水头管的内径应均匀,管径不大于1cm,管外壁有最小分度为1.0mm的刻度,长度为2m左右。

(3)量筒:容量500mL,分度值1mL。

(4)其他:切土器、修土刀、秒表、钢丝锯、凡士林、量筒、薄铁片、橡皮垫圈等。

2. 操作步骤

(1)将环刀垂直切入土样,整平土样两面,整平时不得用刀往复涂抹,以免闭塞空隙。

(2)对不易透水的试样,需进行真空抽气饱和;对饱和试样和较易透水的试样,可直接用变水头装置的水头进行试样饱和。

(3)将装有试样的环刀装入渗透容器,用螺母旋紧,要求密封至不漏水不漏气。

(4)将位于渗透容器下盖的进水口与变水头装置中的进水管连接,使供水瓶与变水头管相通。

(5)开进水管夹5(1)、5(2)、5(3)及排气管夹6,使水流入渗透仪,当排气管流出的水不带气泡时,关排气管管夹6,使水由下而上对试样进行饱和。

(6)开位于渗透容器上盖的出水管管夹7,当出水管有水流出时,即认为试样已达饱和状态。

(7)关出水管管夹7及进水管夹5(1),向变水头管注纯水,使水升至预定高度,水头高度根据试样结构的疏松程度确定,一般不应大于2m。待水位稳定后,关进水管夹5(2)、5(3),切断水源,开进水管夹5(1),使水通过试样,当出水口有水溢出时开动秒表,开始测记变水头管中起始水头高度 h_1 和起始时间 t_1,经过时间 t 后,再测记水头 h_2 及时间 t_2,并测记出水口的水温,精确至0.2℃。如此再经过相等的时间,重复测记一次。

(8)将变水头管中的水位变换高度,待水位稳定后再测记水头和时间变化,重复试验5~6次。当不同开始水头下测定的渗透系数在允许差值范围内时(不大于 2×10^{-n} cm/s),结束试验。

3. 成果整理

(1)按式(9-6)计算变水头渗透系数:

$$k_T = 2.3\frac{aL}{A(t_2-t_1)}\lg\frac{h_1}{h_2} \tag{9-6}$$

式中:k_T——水温为 T℃时试样的渗透系数(cm/s),精确至0.001cm/s;

a——变水头管的断面积(cm^2);

A——试样的断面积(cm^2);

L——渗径,即试样高度(cm);

t_1——测读水头的起始时间(s);

t_2——测读水头的终止时间(s);

h_1——测压管中开始时的水头(cm);

h_2——测压管中终止时的水头(cm);

2.3——ln和lg之间的变换因数。

(2)按式(9-5)计算温度为20℃时的渗透系数。

(3)在计算所得到的渗透系数中,取3~4个在允许差值范围内的数据,并求其平均值,作为试样在该孔隙比 e 下的渗透系数,渗透系数的允许差值不大于 2×10^{-n} cm/s。

(4)试验记录。

变水头渗透试验记录见表9-3。

变水头渗透试验记录表

表 9-3

学　号____________　　班　级__________

姓　名____________　　日　期__________

仪器编号__________　　测压管断面面积 a = __________ cm^2

试样面积 A = __________ cm^2　　孔隙比 e __________

试样高度 L = __________ cm

开始时间 t_1 (s)	终了时间 t_2 (s)	经过时间 t (s)	开始水头 h_1 (cm)	终了水头 h_2 (cm)	$2.3\frac{aL}{At}$	$\lg\frac{h_1}{h_2}$	水温 T℃时的渗透系数 k_T (cm/s)	水温 T (℃)	校正系数 η_T/η_{20}	水温 20℃时的渗透系数 k_{20} (cm/s)	平均渗透系数 $\bar{k}_{20}$ (cm/s)
(1)	(2)	(3)	(4)	(5)	(6)	(7)	(8)	(9)	(10)	(11)	(12)
		(2) - (1)					(6) × (7)			(8) × (10)	

上交试验报告，请学生沿此线撕下

五、加荷渗透法

加荷渗透法是指土样先在固结压力作用下进行固结，待土样固结稳定后再施加渗透压力的渗透试验方法。固结压力可按土体的自重应力或附加应力施加，也可以在不同的固结压力或在不同的孔隙比下测定土的渗透系数。渗透压力则根据土的渗透性能即渗流快慢来确定，如高塑性黏土的渗透系数很小，在一般的渗透仪或者水头差不大的情况下，其渗流十分缓慢或历时很长或几乎不发生渗流，但只要提高渗透压力，即提高水头差后，渗流就会加快。

1. 仪器设备

(1)气压式渗压仪(图9-4)：土样面积30cm^2，高度2cm，最大固结压力达1200kPa，最大渗透压力可达200kPa，即水头差可达20m。

(2)空气压缩机。

(3)真空抽气机、真空抽气缸、土样饱和器。

(4)其他：吸球、秒表、切土器、钢丝锯、切土刀等。

2. 操作步骤

(1)用切土环刀切取代表性的原状土或人工制备的扰动土，切土时应边压边削，最好放在切土器上进行。

(2)需要饱和的土样，先将环刀置于饱和器内并放入真空抽气缸，在真空抽气机工作下使土样饱和。

(3)将渗压仪的渗压容器与渗流管路和渗流计量管连通，在预先设定的水头差下，让计量管中的水流入渗压容器，使其整个管路与渗压容器内的透水石得到充分排气饱和，然后关闭阀门。

(4)将装有饱和试样的环刀，刀口向上装入渗压容器，注意在装入容器之前，土样两端应先贴上滤纸。

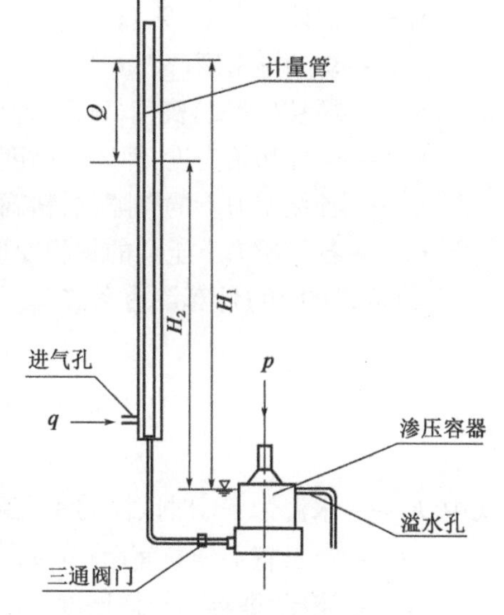

图9-4　渗压仪原理示意图

(5)分别在环刀外面套上“O”形止水圈，放上定向垫片，再旋上压紧螺丝，用专门扳手拧紧螺丝避免环刀与容器底座间渗漏，同时避免环刀与渗压容器底座间渗漏，最后在试样上端装上透水石和传压活塞。

(6)安装量测试样竖向固结位移的百分表，并测记百分表起始读数。

(7)根据试验要求施加预定的固结压力，固结压力由调压阀施加。

(8)在试样固结过程中，可根据需要测读时间与变形的关系，待试样固结稳定后再进行渗透试验。

(9)记下试样固结稳定后的竖向固结位移百分表读数，施加10kPa大气压力为渗透压力，然后打开渗流阀门，观察其是否渗流。如果产生渗流，当即记下计量管某一读数为起始水头，开动秒表，当水头下降至某一读数时，记下水头读数及相应的渗流时间，按此步骤重复两遍以上即可；如果在10kPa渗透压力下不产生明显的渗流，即可逐渐增大渗透压力，但渗透压力不得超过固结压力。

(10)根据测记的渗透时间及水头下降值，可计算出在该固结压力下或在该孔隙比下的渗透系数，如果需要在该土样上继续施加固结压力或在不同的孔隙比下测定其渗透系数，则可按上述步骤重复进行。

3. 成果整理

(1)按式(9-7)~式(9-9)计算初始孔隙比 e_0 和各级压力下的孔隙比 e_i。

$$e_0 = \frac{G_s(1+0.01w_0)\rho_w}{\rho_0} - 1 \tag{9-7}$$

$$h_s = \frac{h_0}{1+e_0} \tag{9-8}$$

$$e_i = e_0 - \frac{\sum \Delta h}{h_s} \tag{9-9}$$

式中:e_0——初始孔隙比,精确至0.01;

G_s——土粒比重;

w_0——初始含水率(%);

ρ_0——初始湿密度(g/cm^3);

h_s——颗粒(骨架)高度(mm),精确至0.1mm;

h_0——土样初始高度,即环刀高度(mm);

e_i——各级压力下的孔隙比,精确至0.01;

$\sum \Delta h$——各级压力下土样的累积变形量(mm)。

(2)按式(9-10)计算渗透系数 k_T。

$$k_T = 2.3\frac{aL}{A(t_2-t_1)}\lg\frac{h_1+100\dfrac{q}{\gamma_w}}{h_2+100\dfrac{q}{\gamma_w}} \tag{9-10}$$

式中:k_T——水温为T℃时试样的渗透系数(cm/s),精确至0.001cm/s;

a——计量管平均断面面积(cm^2);

L——渗径,即等于土样厚度(cm);

A——试样断面面积(cm^2);

t_1——测读水头的起始时间(s);

t_2——测读水头的终止时间(s);

h_1——计量管起始水头高度(cm);

h_2——计量管水头下降终止高度(cm);

q——所施加的渗透压力(kPa);

γ_w——水的重度(kN/m^3)。

(3)按式(9-5)计算温度为20℃时的渗透系数。

(4)试验记录。

加荷渗透法试验记录见表9-4。

上交试验报告，请学生沿此线撕下

加荷渗透法试验记录表

表 9-4

学　号________________　　　　班　级________________

姓　名________________　　　　日　期________________

仪器编号__________　　　　测压管断面积 a = __________ cm^2

试样面积 A = __________ cm^2　　　　孔隙比 e = __________

试样高度 L = __________ cm

开始时间 t_1 (s)	终了时间 t_2 (s)	经过时间 t (s)	开始水头 h_1 (cm)	终了水头 h_2 (cm)	固结压力 σ (kPa)	渗透压力 q (kPa)	$2.3\frac{aL}{At}$	$\lg\frac{h_1+100\frac{q}{\gamma_w}}{h_2+100\frac{q}{\gamma_w}}$	水温 T℃时的渗透系数 k_T (cm/s)	水温 T (℃)	校正系数 η_T/η_{20}	水温 20℃时的渗透系数 k_{20} (cm/s)	平均渗透系数 $\bar{k}_{20}$ (cm/s)
(1)	(2)	(3)	(4)	(5)	(6)	(7)	(8)	(9)	(10)	(11)	(12)	(13)	(14)
		(2) - (1)							(8) × (9)			(10) × (12)	

试验十　相对密度试验

土的相对密度试验就是测定砂砾土相对密实度的试验。相对密度是指砂砾土处于最松散状态的孔隙比与天然状态下孔隙比之差,和最松散状态孔隙比与最紧密状态孔隙比之差的比值。

一、试验目的

测定砂砾土的最小干密度和最大孔隙比、最大干密度和最小孔隙比,用于计算土的相对密度。相对密度是砂类土紧密程度的指标,砂类土的密实度在一定程度上可用其孔隙比来反映,但砂类土的密实度并不单独取决于孔隙比,在很大程度上还取决于土的颗粒级配,为了同时考虑孔隙比和颗粒级配的影响,引入相对密度的概念来反映砂类土的密实度。

二、试验方法

相对密度试验就是采用长颈漏斗与锥形塞将砂砾土制成松散状态,采用振动叉与击锤将砂砾土制成密实状态,并分别测定其最大孔隙比、最小孔隙比,以及天然状态孔隙比,计算出其相对密度。相对密度试验适用于粒径不大于5mm,且能自由排水的砂砾土,其中粒径为2～5mm的土样质量不应大于土样总质量的15%。最小干密度试验宜采用漏斗量筒法,最大干密度试验应采用振动锤击法。

三、仪器设备

1. 最小干密度试验设备

(1)量筒:容积为500mL或1000mL,后者内径应大于6cm。

(2)长颈漏斗:颈管内径约1.2cm,颈口磨平。

(3)锥形塞:直径约1.5cm的锥形体焊接在铜杆下端(图10-1)。

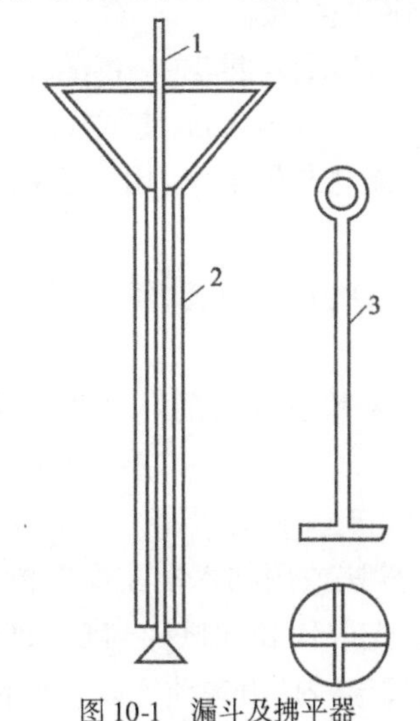

图10-1　漏斗及拂平器

1-锥形塞;2-长颈漏斗;3-砂面拂平器

(4)砂面拂平器。

(5)天平:称量1000g,分度值1g。

2. 最大干密度试验设备

(1)金属容器:两种规格,分别为容积250mL,内径5cm,高12.7cm;或容积1000mL,内径10cm,高12.7cm。

(2)振动叉(图10-2)。

(3)击锤(图10-3):锤质量1.25kg,落高15cm,锤底直径5cm。

(4)台秤:称量5000g,分度值1g。

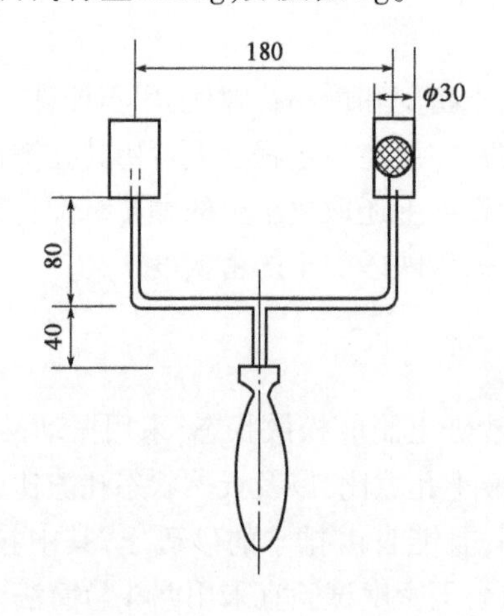

图10-2　振动叉(尺寸单位:mm)

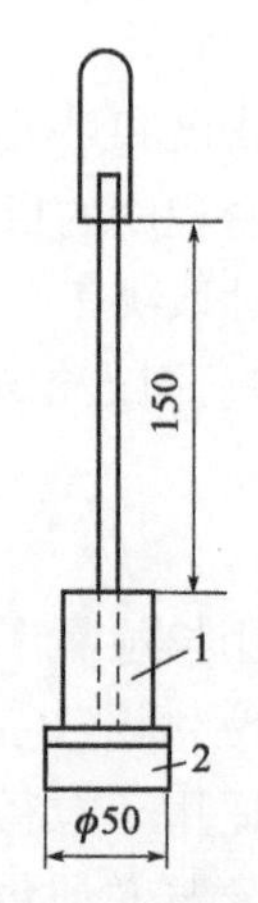

图10-3　击锤(尺寸单位:mm)
1-击锤;2-锤座

四、操作步骤

1. 最小干密度的测定

(1)取代表性的烘干或充分风干试样约1.5kg,用手揉搓或用圆木棍在橡皮板上碾散,并拌和均匀。

(2)将锥形塞杆自漏斗下口穿入,并向上提起,使锥体堵住漏斗管口,一并放入体积1000mL的金属容器中,使其下端与筒底相接。

(3)称取试样700g,精确至1g,均匀倒入漏斗中,将漏斗与塞杆同时提高,移动塞杆使锥体略离开管口,管口应经常保持高出砂面约1~2cm,使试样缓慢且均匀分布地落入量筒内。

(4)试样全部落入量筒后,取出漏斗与锥形塞,用砂面拂平器将砂面拂平,勿使量筒振动,然后测读砂样体积,估读至5mL。

(5)用手掌或橡皮板堵住量筒口,将量筒倒转,然后缓缓转回原来位置,如此重复几次,记下体积最大值,估读至5mL。

(6)比较步骤(4)、(5),取测得体积值较大的一个为松散状态下试样最大体积。计算最小干密度和最大孔隙比。

2. 最大干密度的测定

(1)取代表性试样约4kg,用手揉搓或用圆木棍在橡皮板上碾散,并拌和均匀。

(2)分3次倒入容器进行振击,先取代表性试样600~800g(其数量应使振击后的体积略大于容器容积的1/3)倒入1000mL容器内,用振动叉以每分钟各150~200次的速度敲打容器两侧,并在同一时间内,用击锤于试样表面每分钟锤击30~60次,直至砂样体积不变为止,一般击 5 ~ 10min。敲打时要用足够的力量使试样处于振动状态;锤击时,粗砂可用较少击数,细砂应用较多击数。

(3)按照步骤(2)分别进行后 2 次的装样、振动和锤击,第 3 次装样时应先在容器口上安装套环。

(4)最后 1 次振毕,取下套环,用修土刀齐容器顶面刮去多余的试样,称容器内试样质量,精确至 1g,并记录试样体积,计算其最大干密度和最小孔隙比。

五、成果整理

1. 最小干密度与最大孔隙比计算

$$\rho_{dmin} = \frac{m_d}{V_{max}} \tag{10-1}$$

式中:ρ_{dmin}——最小干密度(g/cm^3),精确至 $0.01g/cm^3$;

V_{max}——松散状态时试样的最大体积(cm^3)。

$$e_{max} = \frac{\rho_w G_S}{\rho_{dmin}} - 1 \tag{10-2}$$

式中:e_{max}——最大孔隙比。

2. 最大干密度与最小孔隙比计算

$$\rho_{dmax} = \frac{m_d}{V_{min}} \tag{10-3}$$

式中:ρ_{dmax}——最大干密度(g/cm^3),精确至 $0.01g/cm^3$;

V_{min}——紧密状态时试样的最小体积(cm^3)。

$$e_{min} = \frac{\rho_w G_S}{\rho_{dmax}} - 1 \tag{10-4}$$

式中:e_{min}——最小孔隙比。

3. 相对密度计算

$$D_r = \frac{e_{max} - e_0}{e_{max} - e_{min}} \tag{10-5a}$$

$$D_r = \frac{(\rho_d - \rho_{dmin})\rho_{dmax}}{(\rho_{dmax} - \rho_{dmin})\rho_d} \tag{10-5b}$$

式中:D_r——相对密度,精确至 0.01;

e_0——天然孔隙比或填土的相应孔隙比。

4. 试验记录

相对密度试验记录见表 10-1。

上交试验报告，请学生沿此线撕下

相对密度试验记录表 表 10-1

学 号______________ 班 级______________

姓 名______________ 日 期______________

试验项目			最大孔隙比 e_{max}		最小孔隙比 e_{min}	
试验方法			漏斗量筒法		振打法	
试样加容器质量(g)	(1)	—	—			
容器质量(g)	(2)	—	—			
试样质量 m_d(g)	(3)	(1)-(2)				
试样体积 V(cm^3)	(4)	—				
		取大值				
干密度 ρ_d(g/cm^3)	(5)	(3)/(4)				
平均干密度(g/cm^3)	(6)	—				
比重 G_s	(7)	—				
孔隙比 e	(8)	—				
天然干密度(g/cm^3)	(9)	—				
天然孔隙比 e_0	(10)	—				
相对密度 D_r	(11)	—				

试验十一　击实试验

土的击实试验是采用锤击方法使土体密度增加的一种试验方法。土在一定的击实效应下，如果含水率不同，则所得的密度也不相同，能使土达到最大干密度的含水率，称为最优含水率 w_{op}，其相应的干密度称最大干密度 ρ_{dmax}。

一、试验目的

击实试验的目的就是测定试样在一定击实次数下或某种压实功下的含水率与干密度之间的关系，从而确定土的最大干密度和最优含水率，为施工控制路堤、土坝或填土地基密实度提供设计依据。

二、试验方法

击实试验分轻型击实试验和重型击实试验两种。轻型击实试验适用于粒径小于5mm的黏性土，其单位体积击实功约为592.2kJ/m^3；重型击实试验适用于粒径不大于20mm的土，其单位体积击实功约为2684.9kJ/m^3。现介绍轻型击实试验。

三、仪器设备

(1)击实仪：轻型击实仪，见图11-1和图11-2，锤质量2.5kg，落距305mm，击实筒容积947.7cm^3。

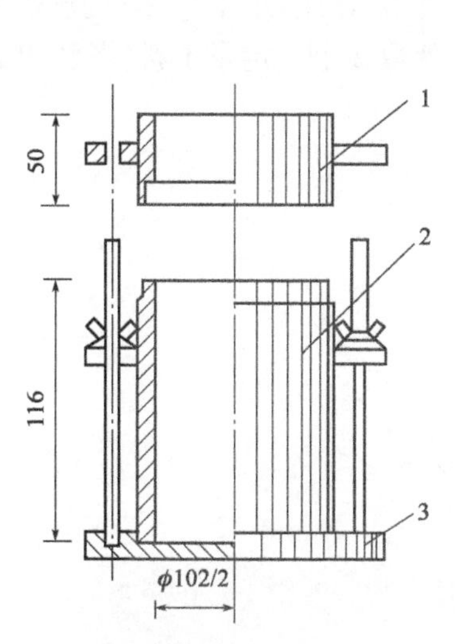

图11-1　轻型击实筒(尺寸单位：mm)
1-筒套；2-击实筒；3-底板

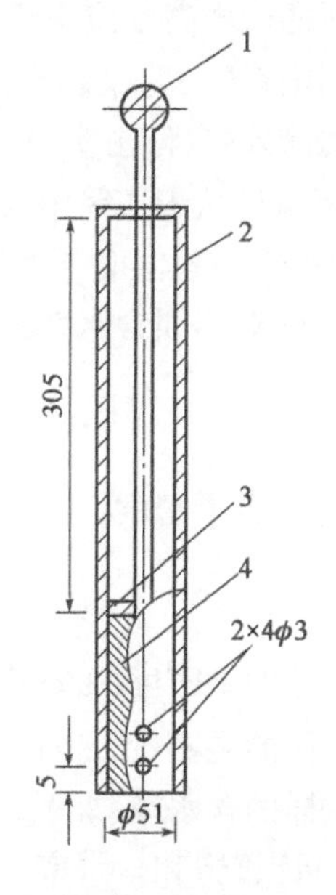

图11-2　击锤与导筒(尺寸单位：mm)
1-提手；2-导筒；3-橡皮垫块；4-击锤

(2)天平：称量200g，分度值0.01g。

(3)台秤：称量10kg，分度值1g。

(4)标准筛：孔径为5mm和20mm的筛各1个。

(5)其他：喷雾器、盛土容器、修土刀及碎土设备等。

四、操作步骤

(1)取代表性土样20kg，风干碾碎后过5mm的筛，将筛下的土样拌匀，并测定风干含水率。

(2)根据土的塑限预估最优含水率，制备不少于5个不同含水率的一组试样，含水率依次相差宜为2%，且其中有2个含水率大于塑限，2个含水率小于塑限，1个含水率接近塑限。

可按式(11-1)计算制备试样所需的加水量：

$$m_w = \frac{m_0}{(1+0.01w_0)} \times (w - w_0) \times 0.01 \tag{11-1}$$

式中：m_w——制备试样所需的加水量(g)；

w_0——风干含水率(%)；

m_0——含水率w_0时土样的质量(g)；

w——要求达到的含水率(%)。

(3)按预定含水率配置试样，将试样3~3.5g平铺在不吸水的平板上，用喷雾器喷洒预定的水量，充分搅和并分别装入塑料袋中静置24h。

(4)将击实仪平稳置于刚性基础上，击实筒与底座连接好，并在击实筒内壁均匀涂一薄层润滑油，将搅和的试样分三层装入击实筒内击实，每层25击，两层交界处的土面应刨毛。第一层松土厚约为击实筒容积的2/3，击实后土样约为击实筒容积的1/3；第二层松土装至与击实筒相平，击实后土样约为击实筒容积的2/3；然后按上套筒，再装松土至套筒平再击实，击实完成后，超出击实筒顶的试样高度应小于6mm。

(5)取下套筒，用修土刀修平超出击实筒顶部的试样，再拆除底板，试样底部若超出筒外，也应修平，擦净击实筒外壁，称击实筒与试样的总质量，准确至1g，并计算试样的湿密度。

(6)用推土器将试样从击实筒中推出，从试样中心处取2个一定量土料(各约30g)，测定土的含水率，2个含水率的差值应不大于1%。

(7)重复以上步骤对不同含水率的试样依次击实。

五、成果整理

(1)按式(11-2)计算干密度。

$$\rho_d = \frac{\rho}{1+0.01w} \tag{11-2}$$

式中：ρ_d——击实试样的干密度(g/cm^3)，精确至$0.01g/cm^3$；

ρ——击实试样的湿密度(g/cm^3)；

w——击实试样的含水率(%)。

(2)按式(11-3)计算饱和含水率。

$$w_{sat} = \left(\frac{\rho_w}{\rho_d} - \frac{1}{G_s}\right) \times 100 \tag{11-3}$$

式中：w_{sat}——试样的饱和含水率(%)；

ρ_w——水的密度(g/cm^3)。

其余符号意义同前。

(3)以干密度为纵坐标,含水率为横坐标,绘制干密度与含水率的关系曲线(图 11-3),并根据式(11-3)饱和含水率计算值绘制饱和曲线,干密度与含水率的关系曲线上峰值点的纵坐标为击实试样的最大干密度,相应的横坐标为击实试样的最优含水率,如曲线不能给出峰值点,应进行补点试验。

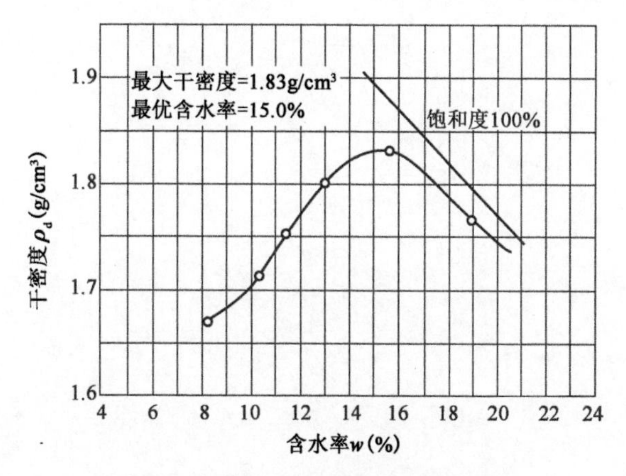

图 11-3　干密度 ρ_d 与含水率 w 的关系曲线

(4)试验记录。

击实试验记录见报告 11-1。

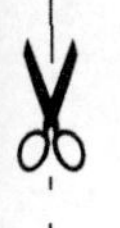

报告 11-1

击实试验记录表

学　号________________　　班　级________________

姓　名________________　　日　期________________

试验仪器______ 预估最优含水率 = ______%				土样类别______ 风干含水率 = ______%								每层击实数______ 土粒比重______	
试验次数				1		2		3		4		5	
干密度 ρ_d	加水量(g)												
	筒加土质量(g)	(1)											
	筒质量(g)	(2)											
	湿土质量(g)	(3)	(1) - (2)										
	筒体积(cm^3)	(4)											
	湿密度(g/cm^3)	(5)	(3)/(4)										
	干密度(g/cm^3)	(6)	$\frac{(5)}{1+0.01(13)}$										
含水率 w	盒号												
	盒加湿土质量(g)	(7)											
	盒加干土质量(g)	(8)											
	盒质量(g)	(9)											
	水质量(g)	(10)	(7) - (8)										
	干土质量(g)	(11)	(8) - (9)										
	含水率(%)	(12)	(10)/(11)										
	平均含水率(%)	(13)											

干密度 ρ_d (g/cm^3)

含水率 w(%)

干密度与含水率关系曲线

上交试验报告，请学生沿此线撕下

试验十二　固结试验

土在外荷载作用下,水和空气逐渐被挤出,土的骨架颗粒之间相互挤紧,封闭气泡的体积也将缩小,从而引起土层的压缩变形。固结试验是将天然状态下原状土样或人工制备的扰动土,制备成一定规格的土样,在不同荷载和完全侧限条件下测定土的压缩变形。

根据工程的需要可以进行如下固结试验:①标准固结试验;②快速固结试验;③应变控制连续加荷固结试验。现介绍标准固结试验和快速固结试验。

一、试验目的

通过固结试验,可测定土的压缩系数 a_v、压缩模量 E_s、体积压缩系数 m_v、压缩指数 C_c、回弹指数 C_s、固结系数 c_v 以及先期固结压力 p_c,用以估算建筑物的最终沉降量以及地基沉降与时间的关系。

二、试验方法

标准固结试验法,以试样在每级压力下固结 24h 作为稳定条件。

快速固结试验法,砂性土固结时间为 1h,黏性土固结时间宜用 2h,然后施加下一级荷重。最后一级压力延长至 24h,并以等比例综合固结度进行修正。

所有试验的加荷形式均为应力控制法,应力控制法通常采用杠杆式加荷或气压式加荷。

三、仪器设备

(1)固结容器:见图 12-1,由环刀、护环、透水石、水槽、加压上盖等组成,土样面积 $30cm^2$ 或 $50cm^2$,高度 2cm。

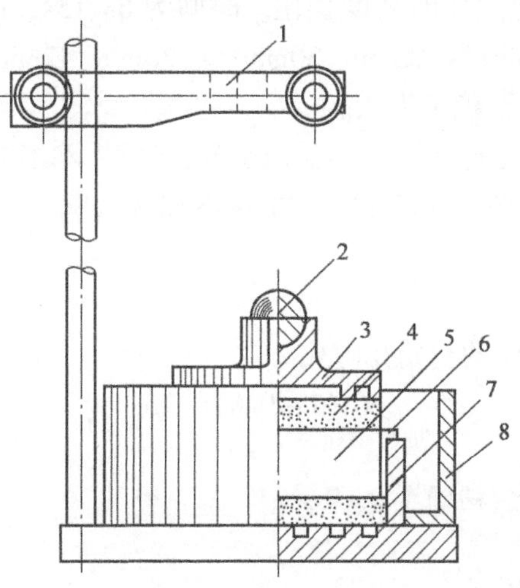

图 12-1　固结仪示意图

1-量表架;2-钢珠;3-加压上盖;4-透水石;5-试样;6-环刀;7-护环;8-水槽

(2)加压设备:杠杆式加压或气压式加压设备。

(3)变形量测设备:百分表,量程为10mm,分度值为0.01mm。

(4)其他:毛玻璃板、圆玻璃板、滤纸、修土刀、钢丝锯和凡士林等。

四、试验步骤

(1)按工程的需要选择面积为$30cm^2$或$50cm^2$的切土环刀,环刀内侧涂上一层薄薄的凡士林或硅油,刀口应向下放在原状土或人工制备的扰动土上,切取原状土样时,应使试样在试验时的受压方向与天然土层受荷方向一致。

(2)小心地边压边修(注意避免环刀偏心入土),至整个土样进入环刀并凸出环刀为止,然后用钢丝锯(软土)或用修土刀(较硬的或硬土),将环刀两侧余土修平,擦净环刀外壁。

(3)测定土样密度,并在余土中取代表性土样测定其含水率,用圆玻璃片将环刀两端盖上,防止水分蒸发。

(4)在固结仪的固结容器内装上带有土样的切土环刀(刀口向下),土样两端应贴上洁净而湿润的滤纸,再用提环螺丝将导环置于固结容器内,然后放上透水石和传压活塞以及定向钢球。

(5)将装有土样的固结容器,准确地放在加荷横梁的中心,如采用杠杆加荷式固结仪,应调整杠杆平衡。为保证试样与容器上下各部件之间接触,应施加1kPa预压荷载;如采用气压式固结仪,可按规定调节气压力,使之平衡,同时使各部件之间密合。

(6)调整百分表或位移传感器至“0”读数。

(7)加荷等级可用12.5kPa、25kPa、50kPa、100kPa、200kPa、400kPa、800kPa、1600kPa、3200kPa。当需要做回弹试验时,回弹荷重可由超过自重应力或超过先期固结压力的下一级荷重依次卸荷至25kPa,然后再依次加荷,一直加至最后一级荷重为止。

(8)对于饱和试样,施加第一级荷重后,应立即向固结容器的水槽中注水浸没试样;而对于非饱和土样,须用湿棉纱或湿海绵覆盖于加压盖板四周,避免水分蒸发。

(9)当需要预估建筑物对于时间与变形(沉降)的关系而测定固结系数c_v时,施加每一级荷重宜按下列时间顺序测记试样的高度变化。时间为6s、15s、1min、2min15s、4min、6min15s、9min、12min15s、16min、20min15s、25min、30min15s、36min、42min15s、49min、64min、100min、200min、400min、23h、24h,直至稳定为止。

(10)当试验结束时,应先排除固结容器内水分,然后拆除容器内各部件,取出带土样的环刀,揩干环刀外壁上的水分,测定试验后土样的密度和含水率。

五、成果整理

(1)按式(12-1)计算试样的初始孔隙比。

$$e_0 = \frac{G_s(1+0.01w_0)\rho_w}{\rho_0} - 1 \tag{12-1}$$

式中:e_0——试样初始孔隙比,精确至0.01;

G_s——土粒比重;

w_0——试样初始含水率(%);

ρ_0——试样初始密度(g/cm^3);

ρ_w——水的密度(g/cm^3)。

(2)按式(12-2)计算试样颗粒(骨架)净高。

$$h_s = \frac{h_0}{1 + e_0} \tag{12-2}$$

式中:h_s——试样颗粒(骨架)净高(mm),精确至0.1mm;

h_0——试样初始高度(mm)。

(3)按式(12-3)或式(12-4)计算某级压力下试样固结稳定后的孔隙比e_i。

标准固结试验:

$$e_i = e_0 - \frac{\sum \Delta h_i}{h_s} \tag{12-3}$$

快速固结试验:

$$e_i = e_0 - k \cdot \frac{\sum \Delta h_i}{h_s} \tag{12-4}$$

其中,k为校正系数,可按式(12-5)进行计算。

$$k = \frac{(\sum \Delta e_n)_T}{(\sum \Delta e_n)_t} \text{或} k = \frac{(\sum \Delta h_n)_T}{(\sum \Delta h_n)_t} \tag{12-5}$$

式中: e_i——某级压力下试样固结稳定后的孔隙比,精确至0.01;

$\sum \Delta h_i$——某级压力下试样的总变形量(mm);

$(\sum \Delta h_n)_t$——最后一级压力下试样快速固结时的总变形量(mm);

$(\sum \Delta h_n)_T$——最后一级压力下试样固结24h后的总变形量(mm);

$(\sum \Delta e_n)_t$——最后一级压力下试样快速固结时的孔隙比总变化量;

$(\sum \Delta e_n)_T$——最后一级压力下试样固结24h后的孔隙比总变化量。

(4)以孔隙比e为纵坐标,压力p为横坐标,绘制$e \sim p$曲线或$e \sim \lg p$曲线(图12-2)。

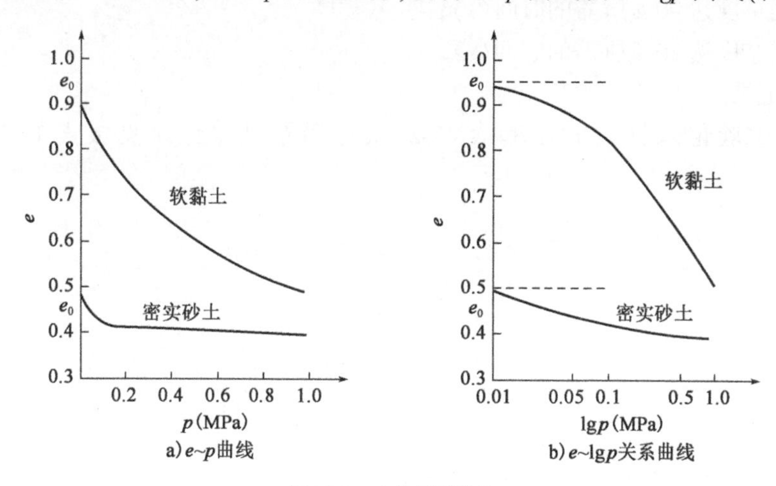

图12-2 土的压缩曲线

(5)按式(12-6)~式(12-8)计算某一压力范围内压缩系数a_v、压缩模量E_s和体积压缩系数m_v。

$$a_v = \frac{e_i - e_{i+1}}{p_{i+1} - p_i} \tag{12-6}$$

$$E_s = \frac{1 + e_0}{a_v} \tag{12-7}$$

$$m_v = \frac{1}{E_s} = \frac{a_v}{1+e_0} \quad (12\text{-}8)$$

式中：a_v——压缩系数（MPa^{-1}），精确至 0.01MPa^{-1}；

E_s——压缩模量（MPa），精确至 0.01MPa；

m_v——体积压缩系数（MPa^{-1}），精确至 0.01MPa^{-1}；

p_i——某级压力值（MPa）。

（6）按式（12-9）和式（12-10）计算土的压缩指数和回弹指数。

$$C_c = \frac{e_i - e_{i+1}}{\lg p_{i+1} - \lg p_i} \quad \text{（压缩曲线的直线段斜率）} \quad (12\text{-}9)$$

$$C_s = \frac{e_i - e_{i+1}}{\lg p_{i+1} - \lg p_i} \quad \text{（压缩曲线回弹滞回圈端点连线的斜率）} \quad (12\text{-}10)$$

式中：C_c——压缩指数，精确至 0.001；

C_s——回弹指数，精确至 0.001。

（7）按式（12-11）或式（12-12）计算土的固结系数 c_v。

$$c_v = \frac{0.848\,\overline{h}^2}{t_{90}} \quad \text{（时间平方根法）} \quad (12\text{-}11)$$

$$c_v = \frac{0.197\,\overline{h}^2}{t_{50}} \quad \text{（时间对数法）} \quad (12\text{-}12)$$

式中：c_v——固结系数（cm^2/s），精确至 0.001cm^2/s；

$\overline{h}$——最大排水距离（mm），等于某级压力下试样的初始高度与终了高度的平均值之半，精确至 0.01cm；

t_{90}——固结度达 90% 所需的时间（s）；

t_{50}——固结度达 50% 所需的时间（s）。

（8）试验记录。

标准固结试验记录见表 12-1 和表 12-2，快速固结试验记录见报告 12-1（英文版见 Report 12-1）。

标准固结试验记录表(1)

表 12-1

学　　号＿＿＿＿＿＿　　　　班　级＿＿＿＿＿＿

姓　　名＿＿＿＿＿＿　　　　日　期＿＿＿＿＿＿

仪器编号＿＿＿＿＿＿

压力(kPa) / 经过时间(min)										
	时间	变形读数	时间	变形读数	时间	变形读数	时间	变形读数	时间	变形读数
0										
0.1										
0.25										
1										
2.25										
4										
6.25										
9										
12.25										
16										
20.25										
25										
30.25										
36										
42.25										
49										
64										
100										
200										
23(h)										
24(h)										
总变形量(mm)										
仪器变形量(mm)										
试样总变形量(mm)										

上交试验报告，请学生沿此线撕下

标准固结试验记录表(2) 表 12-2

学　　号________________ 班　级________________

姓　　名________________ 日　期________________

仪器编号________________

初始密度 ρ_0 = ________ g/cm³					土粒比重 G_s = ________			初始含水率 w_0 = ________%	
试验前试样高度 h_0 = ________ mm					试验前孔隙比 e_0 = ________			颗粒净高 h_s = ________ mm	
压力	读数时间	各级荷重压缩时间	量表读数	压缩量	孔隙比	压缩系数	压缩模量	排水距离	固结系数
p (kPa)	t (h:min)	Δt (h)	R_i (mm)	$\sum \Delta h_i$ (mm)	$\Delta e_i = e_0 - \frac{\sum \Delta h_i}{h_s}$	$a_v = \frac{e_i - e_{i+1}}{p_{i+1} - p_i}$ (MPa^{-1})	$E_s = \frac{1+e_i}{a_v}$ (MPa)	$\bar{h} = \frac{h_i + h_{i+1}}{4}$ (mm)	$C_v = \frac{T_v (\bar{h}^2)}{t}$ (cm²/s)
		0							
		24							
		24							
		24							
		24							
		24							
		24							
		24							
		24							
		24							
		24							
		24							
		24							
		24							
		24							
		24							
		24							
		24							
		24							
		24							
		24							
		24							

上交试验报告，请学生沿此线撕下

上交试验报告，请学生沿此线撕下

报告 12-1

快速固结试验记录表

学　　号________________　　　　班　级________________

姓　　名________________　　　　日　期________________

仪器编号________________

初始密度 ρ_0 =________ g/cm^3　土粒比重 G_s =________　初始含水率 w_0 =________%　试验前孔隙比 e_0 =________

试验前试样高度 h_0 =________ mm　　颗粒净高 h_s =________ mm　　校正系数 $k=\frac{(\Sigma\Delta h_n)_T}{(\Sigma\Delta h_n)_t}$ =________

砝码质量(杠杆比__)(kg)	压力(kPa)	读数时间(h:min)	各级荷重压缩时间(min)	测微表读数(mm)	压缩量(mm)	孔隙比变化量	校正前孔隙比	校正后孔隙比	压缩系数(MPa^{-1})	压缩模量(MPa)
m	p	t	Δt	R_i	$\Sigma\Delta h_i$	$\Sigma\Delta e_i=\frac{\Sigma\Delta h_i}{h_s}$	$e_i=e_0-\Sigma\Delta e_i$	$e_i=e_0-k\Sigma\Delta e_i$	$a=\frac{e_i-e_{i+1}}{p_{i+1}-p_i}$	$E_s=\frac{1+e_i}{a}$

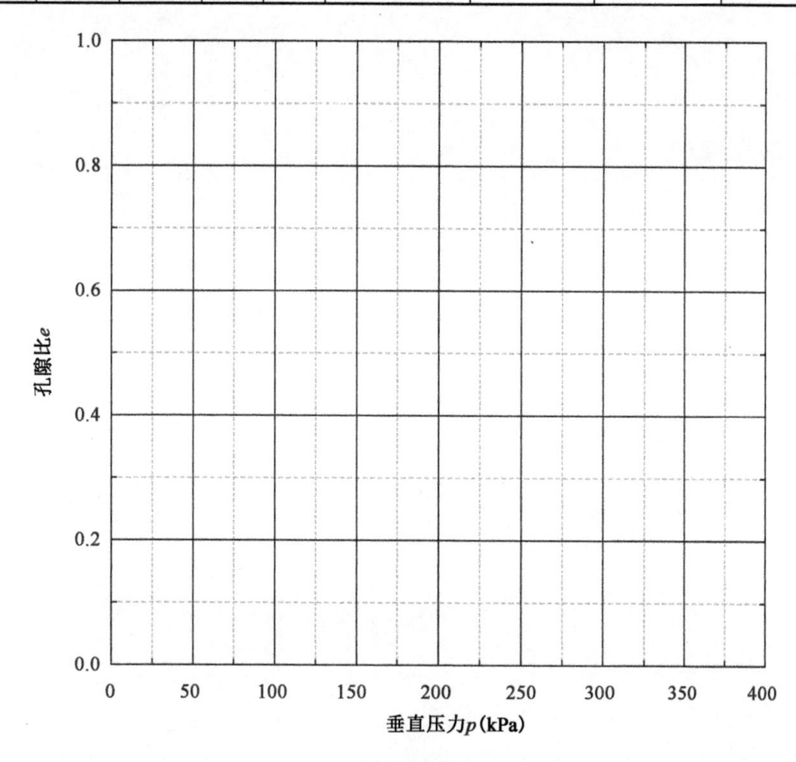

土的压缩曲线

Report 12-1

Data set for rapid consolidation test

Student ID ______________ Class ______________

Name ______________ Date ______________

Test number ______________

Initial density ρ_0 = ________ g/cm^3 Specific gravity of solids G_s = ________ Initial water content w_0 = ________%

Void ratio before test e_0 = ________ Sample height before test h_0 = ________ mm

Net height of solids h_s = ________ m Correction factor $k = \frac{e_0 - (e)_T}{e_0 - (e)_t}$ = ________

Weight mass (Leverage ratio) (kg)	Pressure (kPa)	Time (h:min)	Time increment (min)	Dial reading (mm)	Settlement (mm)	Change of void ratio	Void ratio before correction	Void ratio after correction	Compression Index (MPa^{-1})	Compression modulus (MPa)
m	p	t	Δt	R_i	$\sum \Delta h_i$	$\sum \Delta e_i = \frac{\sum \Delta h_i}{h_s}$	$e_i = e_0 - \sum \Delta e_i$	$e_i = e_0 - k\Delta e_i$	$a = \frac{e_i - e_{i+1}}{p_{i+1} - p_i}$	$E_s = \frac{1 + e_i}{a}$

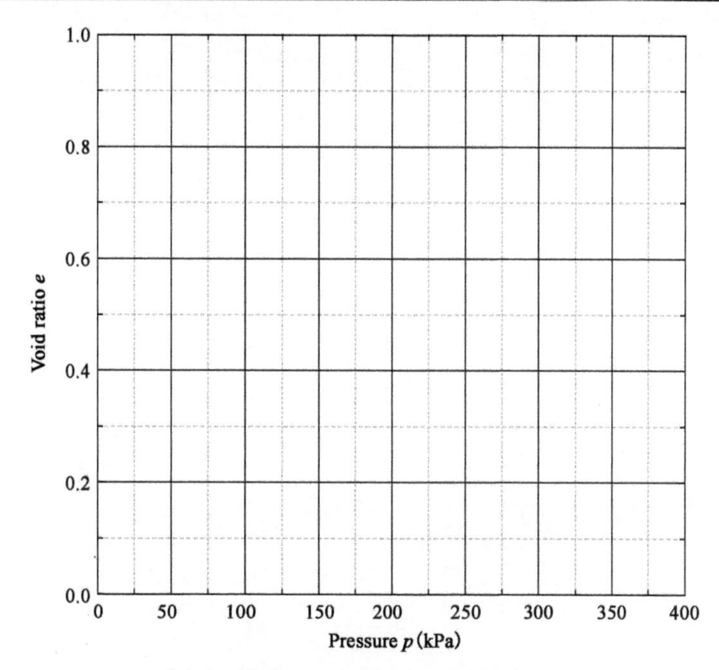

Relationship between void ratio and vertical stress

上交试验报告，请学生沿此线撕下

试验十三　直接剪切试验

土的抗剪强度是土在外力作用下,其一部分土体相对于另一部分土体滑动时所具有的抵抗剪切的极限强度。直接剪切试验是直接对试样进行剪切的试验方法,简称直剪试验,是测定土的抗剪强度最简单的方法。

一、试验目的

测定土的抗剪强度指标——黏聚力 c 和内摩擦角 φ,用以提供地基强度计算和稳定性分析所需的基本指标。

二、试验方法

直接剪切试验方法一般可分为慢剪、固结快剪和快剪法三种。

1. 慢剪

先对试样施加垂直压力,让试样充分排水,待固结稳定后,再以小于 0.02mm/min 的剪切速率缓慢施加水平剪应力,直至试样剪切破坏,用几个试样在不同垂直压力下进行试验,得到的抗剪强度指标用 c_s、φ_s 表示。

2. 固结快剪

先对试样施加垂直压力,让试样充分排水,待固结稳定后,再以 0.8mm/min 的剪切速率施加水平剪应力,直至试样剪切破坏,一般在 3 ~ 5min 内完成,用几个试样在不同垂直压力下进行试验,得到的抗剪强度指标用 c_{cq}、φ_{cq} 表示。

3. 快剪

对试样施加垂直压力后,立即以 0.8mm/min 的剪切速率,快速施加水平剪应力使试样剪切破坏,从加荷到剪切破坏一般在 3 ~ 5min 内完成,得到的抗剪强度指标用 c_q、φ_q 表示。

三、仪器设备

(1)直剪仪(图 13-1):采用应变控制式直接剪切仪,上匣固定,下匣可以水平方向移动;下匣放在钢珠上,用以减少摩擦力。试样面积为 30cm^2,高度为 2cm,加压原理采用杠杆传动加压。

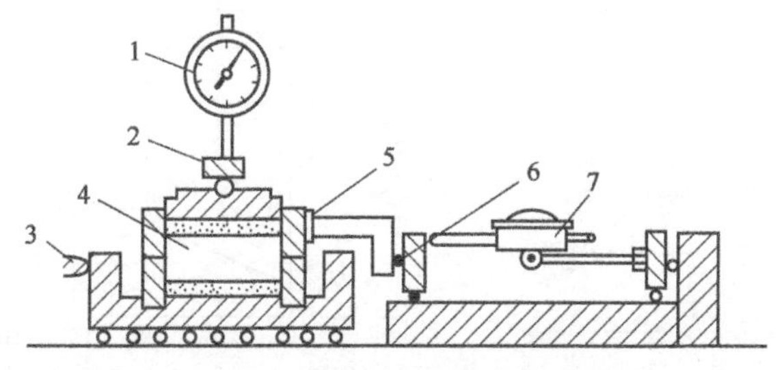

图 13-1　应变控制式直接剪切仪

1-垂直变形量表;2-垂直加压框架;3-推动器;4-试样;5-剪切容器;6-测力计;7-测力百分表

(2)测力计:亦称应变圈(附百分表),根据编号查测力计率定系数。

(3)位移量测设备:百分表,量程为 10mm,分度值为 0.01mm。

(4)环刀:内径6.18cm,高2.0cm。

(5)其他:切土刀、钢丝锯、滤纸、毛玻璃板、圆玻璃片以及润滑油等。

四、操作步骤

(1)对准剪切容器的上下盒,插入固定销钉,在下盒内放洁净透水石一块及湿滤纸一张。

(2)将盛有试样的环刀刃口向上,对准剪切盒的上盒口,在试样顶面放湿润滤纸一张及透水石一块,然后将试样用透水石徐徐推入剪切盒底。移去环刀,并依次加上传压活塞及加压框架。

(3)取不少于4个试样,分别施加不同的垂直压力,其压力大小根据工程实际和土的软硬程度而定,也可取垂直压力分别为100kPa、200kPa、300kPa、400kPa。加荷时应轻轻施加,但必须注意,如果土质疏松,为防止土样被挤出,应分级施加。

(4)若是饱和试样,则在施加垂直压力5min后,向剪切盒内注满水;若是非饱和试样,不必注水,但应在加压板周围包以湿棉纱,以防止水分蒸发。

(5)试样达到固结稳定后,徐徐转动手轮,使上盒的钢珠恰与测力计接触,测记测力计量表的初读数;安装水平位移百分表并测记初读数。

(6)拔去固定销钉,然后开动电动机,根据不同的试验方法,以不同的剪切速率施加水平剪应力,使测力计受压,观察测力计量表的转动,它将随下匣位移的增大而增大,当测力计量表的指针不再前进或指针开始倒退时,即出现峰值,认为试样已破坏,记下破坏值,并继续剪切至剪切位移为4mm停机;当剪切过程中测力计读数无峰值时,应剪切至剪切位移为6mm时停机。

五、成果整理

(1)按式(13-1)计算每个试样的剪应力。

$$\tau = KR \tag{13-1}$$

式中:τ——试样所受的剪应力(kPa),精确至0.1kPa;

K——测力计率定系数(kPa/0.01mm);

R——剪切时测力计量表的读数与初读数之差值(0.01mm)。

(2)以剪应力为纵坐标,剪切位移为横坐标,绘制剪应力与剪切位移关系曲线(图13-2),取曲线上剪应力的峰值为抗剪强度,无峰值时,取剪切位移4mm所对应剪应力为抗剪强度。

(3)以抗剪强度为纵坐标,垂直压力为横坐标,绘制抗剪强度与垂直压力关系曲线(图13-3),直线的倾角为土的内摩擦角 φ,直线在纵坐标上的截距为土的黏聚力 c。

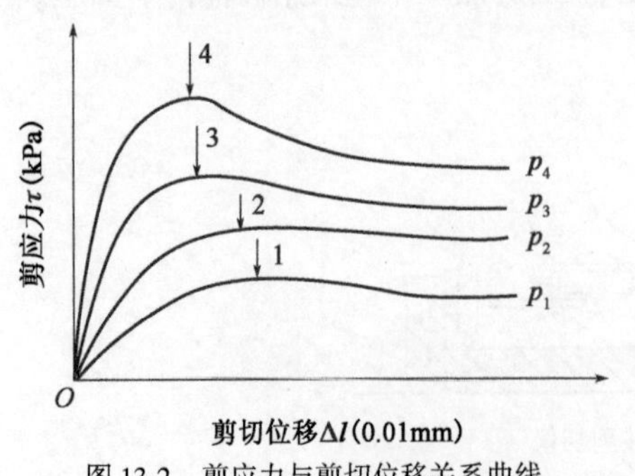

图13-2　剪应力与剪切位移关系曲线

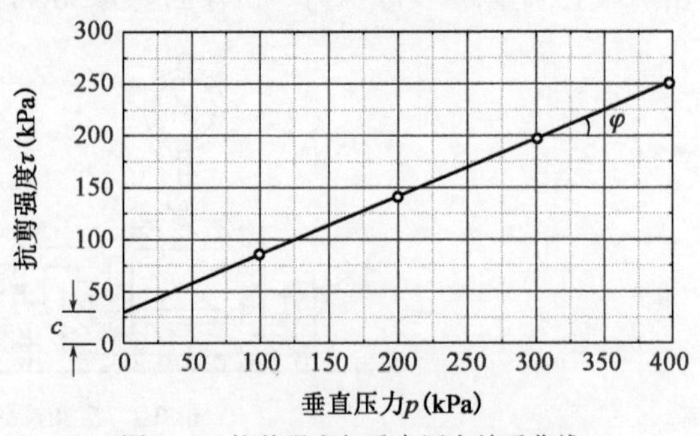

图13-3　抗剪强度与垂直压力关系曲线

(4)试验记录。

直接剪切试验记录见报告13-1(英文版见Report 13-1)。

报告 13-1

直接剪切试验记录表

学　号＿＿＿＿＿＿＿＿　　　　班　级＿＿＿＿＿＿＿＿

姓　名＿＿＿＿＿＿＿＿　　　　方　法＿＿＿＿＿＿＿＿

固结时间＿＿＿＿＿＿＿＿　试样方法＿＿＿＿＿＿＿＿						
仪器编号						
测力计编号						
测力计系数 K(kPa/0.01mm)						
砝码质量(kg)(杠杆比＿＿)						
垂直压力 p(kPa)						
测力计初读数 R_0(0.01mm)						
测力计终读数 R_t(0.01mm)						
测力计读数差(R_t-R_0) (0.01mm)						
抗剪强度τ(kPa)						
备注						
黏聚力 $c=$　　kPa						
内摩擦角 $\varphi=$　　°						

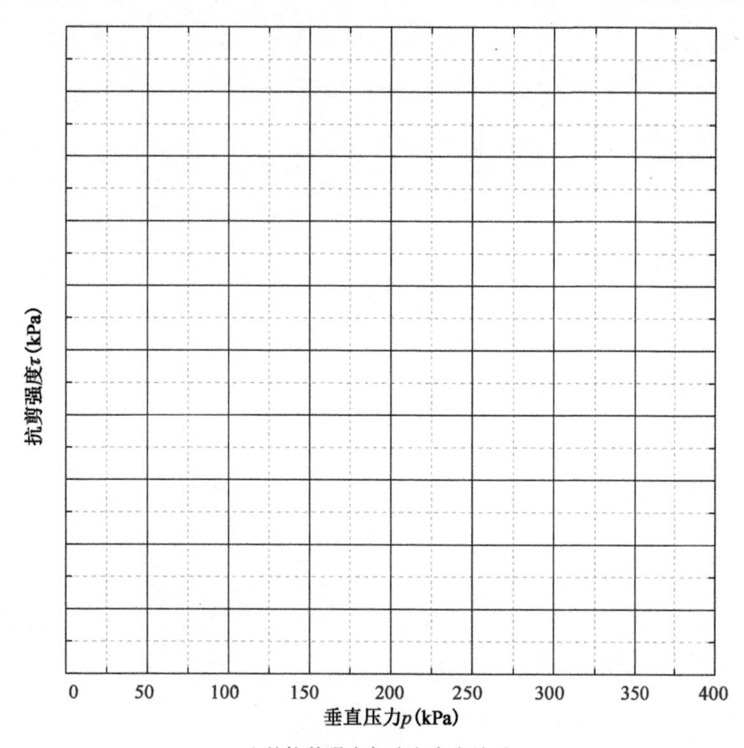

土的抗剪强度与法向应力关系

上交试验报告，请学生沿此线撕下

上交试验报告，请学生沿此线撕下

Report 13-1

Data set for direct shear test

Student ID ________________ Class ________________

Name ________________ Date ________________

Consolidation time ______________ Test method ______________						
Test number						
Number of load ring						
Coefficient of load ring(kPa/0.01mm)						
Weight mass(kg)(Lever ratio)						
Vertical pressure p(kPa)						
Initial reading for loadring R_0(0.01mm)						
Final reading for load ring R_t(0.01mm)						
Difference ($R_t - R_0$) (0.01mm)						
Shear strength τ(kPa)						
Comment						
Cohesion c = kPa						
Friction angle φ = °						

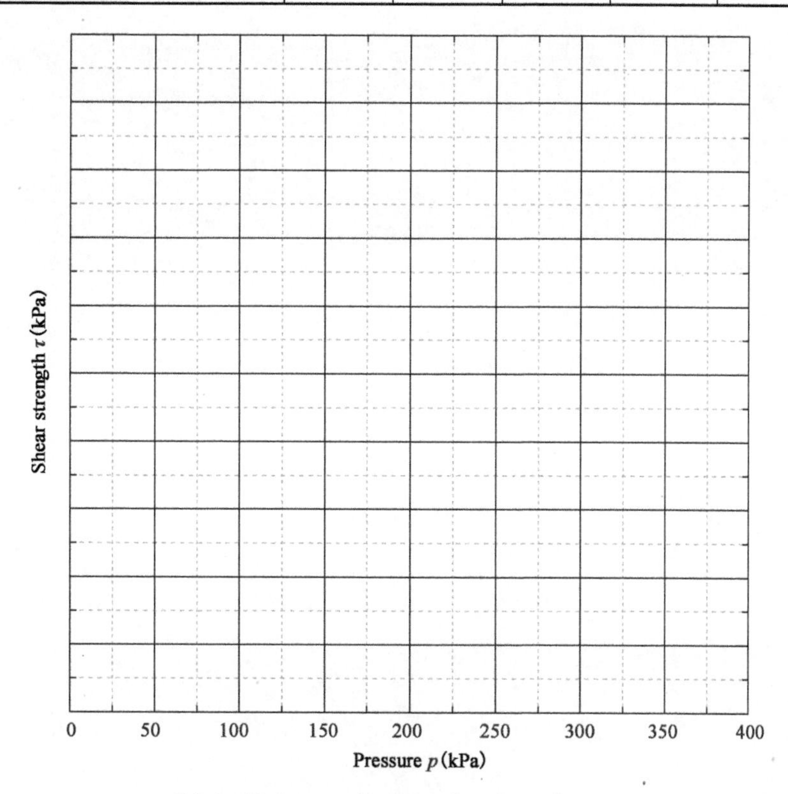

Relationship between shear strength and normal stress

试验十四　无侧限抗压强度试验

无侧限抗压强度是指试样在无侧向压力条件下，抵抗轴向压力的极限强度。原状土的无侧限抗压强度与重塑后土的无侧限抗压强度之比称为土的灵敏度。

无侧限抗压强度试验是三轴试验的一种特殊情况，即周围压力 $\sigma_3=0$ 的三轴压缩试验，所以又称单轴试验。

一、试验目的

测定土的无侧限抗压强度，用以确定天然地基的强度参数和灵敏度。

二、适用范围

无侧限抗压强度试验在一般情况下适用于饱和黏性土的无侧限抗压强度及灵敏度测定。

三、仪器设备

(1)应变控制式无侧限压缩仪(图 14-1)由测力计、加压框架、升降设备等组成；无侧限抗压强度试验也可在应变控制式三轴仪上进行。

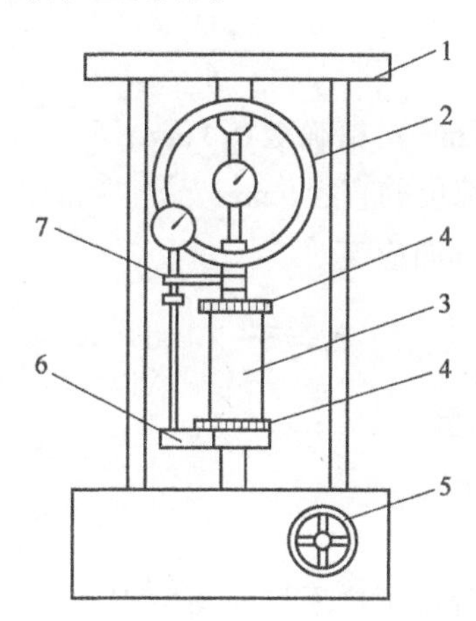

图 14-1　应变控制式无侧限压缩仪

1-轴向加荷架；2-轴向测力计；3-试样；4-上、下传压板；5-手轮；6-升降板；7-轴向位移计

(2)位移计：量程 30mm，分度值 0.01mm 的百分表。

(3)重塑筒：筒身可以拆成两半，内径 3.91cm，高 8cm。

(4)天平：称量 500g，分度值 0.1g。

(5)其他：切土器、秒表、钢丝锯、卡尺、修土刀、塑料薄膜及凡士林等。

四、操作步骤

(1)将原状土样按天然土层的方向置于切土器中，用修土刀或钢丝锯细心削切，边转边削，直至切成所需的直径(一般直径为 39.1mm)为止。

(2)从切土器中取出试样,放在成模筒中削去两端多余土样,原则上控制直径为39.1mm、高为80mm。

(3)将切好的试样立即称量,并量测试样的上、中、下直径和高度,取削去的余土测定含水率。

(4)在试样的两端抹一薄层凡士林,并小心地置于无侧限压缩仪的加压板上,转动手轮使上下两端加压板恰好与土样接触为止,调整测力计和位移计的读数为零。

(5)以每分钟轴向应变为1% ~3%的速度转动手轮,使升降设备上升进行试验。在轴向应变小于3%时,每隔0.5%应变(或0.4mm)读数一次;轴向应变等于或大于3%时,每隔1%应变(或0.8mm)读数一次,试验宜在8~10min内完成。

(6)当测力计读数出现峰值时,继续进行3% ~5%的应变后停止试验;当读数无峰值时,试验应进行到应变达20%为止。

(7)试验结束后,取下试样,描述试样破坏后的形状及滑裂面的夹角。

(8)若需要测定灵敏度,应立即将破坏后的试样除去涂有凡士林的表面,再添少许余土,然后放在塑料薄膜内用手搓捏,破坏其结构,放在重塑筒内,再重塑成圆柱形,用金属垫板将其挤成与原状试件尺寸、密度相等的试样,并按上述第(4)~(7)步骤进行试验。

五、成果整理

(1)按式(14-1)计算试件的平均直径。

$$D_0 = \frac{D_1 + 2D_2 + D_3}{4} \tag{14-1}$$

式中: D_0——试样的平均直径(mm),精确至0.1mm;

D_1、D_2、D_3——试样上、中、下各部位的直径(mm)。

(2)按式(14-2)计算试样的轴向应变。

$$\varepsilon_1 = \frac{\Delta h}{h_0} \times 100 \tag{14-2}$$

式中:ε_1——轴向应变(%),精确至0.1%;

h_0——试验前试样高度(mm);

Δh——轴向变形(mm)。

(3)按式(14-3)计算试验过程中试样平均断面面积。

$$A_a = \frac{A_0}{1 - 0.01\varepsilon_0} \tag{14-3}$$

式中:A_a——校正后的试样平均断面面积(cm^2),精确至0.01cm^2;

A_0——试验前试样面积(cm^2)。

(4)按式(14-4)计算轴向应力。

$$\sigma = \frac{CR}{A_a} \times 10 \tag{14-4}$$

式中:σ——轴向应力(kPa),精确至0.1kPa;

C——测力计率定系数(N/0.01mm);

R——测力计的量表读数(0.01mm);

10——单位换算系数。

(5)制图。

以轴向应力 σ 为纵坐标,轴向应变 ε_1 为横坐标,绘制应力应变曲线,如图 14-2 所示。取曲线上最大轴向应力作为无侧限抗压强度 q_u,如果最大轴向应力不明显,则可取轴向应变 15%所对应的轴向应力作为无侧限抗压强度 q_u。

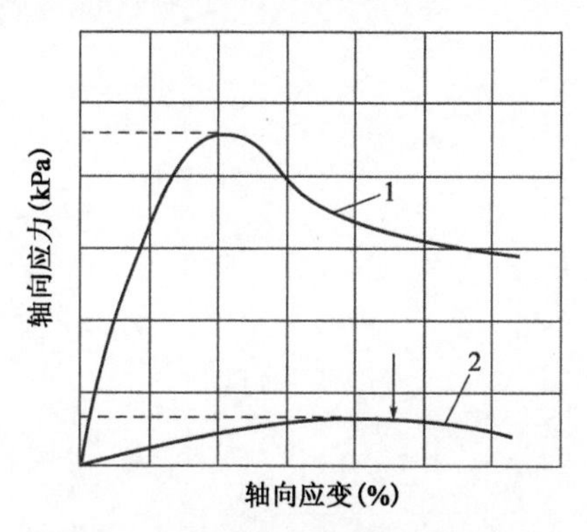

图 14-2 轴向应力与轴向应变关系曲线

1-原状试样;2-重塑试样

(6)按式(14-5)计算灵敏度。

$$S_t = \frac{q_u}{q'_u} \tag{14-5}$$

式中:S_t——灵敏度,精确至 0.01;

q_u——原状土的无侧限抗压强度(kPa);

q'_u——重塑土的无侧限抗压强度(kPa)。

(7)试验记录。

无侧限抗压强度试验记录见报告 14-1(英文版见 Report 14-1)。

报告 14-1

无侧限抗压强度试验记录表

学　号________________　　班　级________________

姓　名________________　　日　期________________

试验数据	试样破坏情况
试验前试样高度 h_0 = ________ mm 试验前试样直径 D_0 = ________ mm 试验前试样面积 A_0 = ________ cm^2 试样质量 m = ________ g 试样密度 ρ = ________ g/cm^3 量力环率定系数 C = ________ N/0.01mm 原状试样无侧限抗压强度 q_u = ________ kPa 重塑试样无侧限抗压强度 q_u' = ________ kPa 灵敏度 S_t = ________	

轴向变形读数 R_1 (0.01mm)	量力环量表读数 R (0.01mm)	轴向变形 Δh (mm)	轴向应变 ε_1 (%)	校正后面积 A (cm^2)	轴向荷载 P (N)	轴向应力 σ (kPa)
(1)	(2)	(3)	(4)	(5)	(6)	(7)
		$\frac{(1)-(2)}{(1)}$	$\frac{(3)}{h_0}$	$\frac{A_0}{1-(4)}$	$C\times(2)$	$\frac{(6)}{(5)}\times 10$

上交试验报告，请学生沿此线撕下

续上表

轴向变形读数 R_1 (0.01mm)	量力环量表读数 R (0.01mm)	轴向变形 Δh (mm)	轴向应变 ε_1 (%)	校正后面积 A (cm^2)	轴向荷重 P (N)	轴向应力 σ (kPa)
(1)	(2)	(3)	(4)	(5)	(6)	(7)
		$\frac{(1)-(2)}{(1)}$	$\frac{(3)}{h_0}$	$\frac{A_0}{1-(4)}$	$C\times(2)$	$\frac{(6)}{(5)}\times 10$

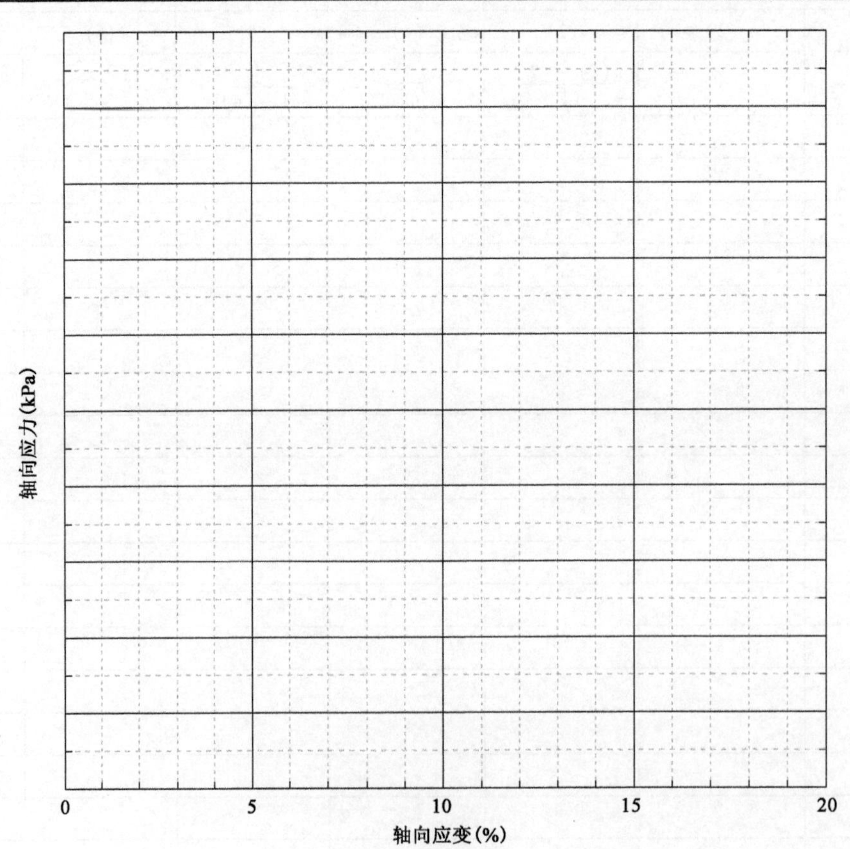

轴向应力-应变关系

上交试验报告，请学生沿此线撕下

上交试验报告，请学生沿此线撕下

Report 14-1

Data set for unconfined compression test

Student ID ________________ Class ________________

Name ________________ Date ________________

	Damage of sample
Height before test h_0 = ________ mm Diameter before test D_0 = ________ mm Area before test A_0 = ________ cm^2 Mass m = ________ g Density ρ = ________ g/cm^3 Coefficient of load ring C = ________ N/0.01mm Unconfined compression strength of undisturbed soils q_u = ________ kPa Unconfined compression strength of remolded soils q_u' = ________ kPa Sensitivity S_t = ________	

Readings for axial deformation R_1 (0.01mm)	Readings for load ring R (0.01mm)	Axial deformation Δh (mm)	Axial strain ε_1 (%)	Area after correction A (cm^2)	Axial load P (N)	Axial stress σ (kPa)
(1)	(2)	(3)	(4)	(5)	(6)	(7)
		$\frac{(1)-(2)}{(1)}$	$\frac{(3)}{h_0}$	$\frac{A_0}{1-(4)}$	$C \times (2)$	$\frac{(6)}{(5)} \times 10$

续上表

Readings for axial deformation R_1 (0.01mm)	Readings for load ring R (0.01mm)	Axial deformation Δh (mm)	Axial strain ε_1 (%)	Area after correction A (cm^2)	Axial load P (N)	Axial stress σ (kPa)
(1)	(2)	(3)	(4)	(5)	(6)	(7)
		$\frac{(1)-(2)}{(1)}$	$\frac{(3)}{h_0}$	$\frac{A_0}{1-(4)}$	$C\times(2)$	$\frac{(6)}{(5)}\times 10$

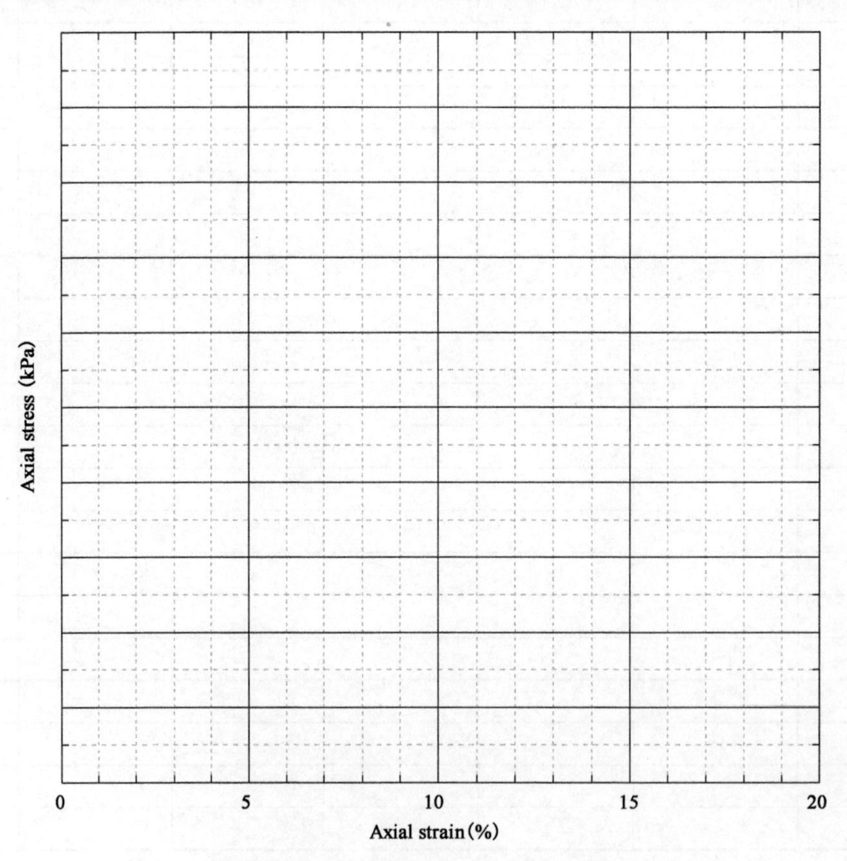

Relationship between axial stress and axial strain

上交试验报告，请学生沿此线撕下

试验十五　三轴压缩试验

三轴压缩试验(亦称三轴剪切试验),是试样在某一固定周围压力下,逐渐增大轴向压力,直至试样破坏的一种抗剪强度试验,是以摩尔-库仑强度理论为依据而设计的三轴向加压的剪力试验。

一、试验目的

通过三轴压缩试验可在不同周围压力下测得土的抗剪强度,再利用摩尔-库仑破坏准则确定土的抗剪强度参数。在工程实践中,路堑、岸坡、土石坝是否稳定、挡土墙和建筑物地基能承受多大荷载等,都与土的抗剪强度有密切关系,在进行土坡稳定分析、地基承载力及土压力计算时,必须首先确定土的抗剪强度或强度参数。

二、试验方法

三轴压缩试验是测定土体抗剪强度的一种比较完善的室内试验方法。三轴压缩试验通常采用3~4个圆柱形试样,分别在不同的周围压力下进行试验。根据土样固结排水条件和剪切时的排水条件,三轴试验可分为不固结不排水剪试验(UU)、固结不排水剪试验(CU)、固结排水剪试验(CD)以及K_0固结三轴试验等。

1. 不固结不排水剪试验(UU)

试样在施加周围压力和随后施加偏应力直至剪坏的整个试验过程中都不允许排水,这样从开始加压直至试样剪坏,土中的含水率始终保持不变,孔隙水压力也不可能消散,可以测得总应力抗剪强度指标c_u、φ_u。

2. 固结不排水剪试验(CU)

试样在施加周围压力时,允许试样充分排水,待固结稳定后,再在不排水的条件下施加轴向压力,直至试样剪切破坏,同时在受剪过程中测定土体的孔隙水压力,可以测得总应力抗剪强度指标c_{cu}、φ_{cu}和有效应力抗剪强度指标c'、φ'。

3. 固结排水剪试验(CD)

试样先在周围压力下排水固结,然后允许试样在充分排水的条件下增加轴向压力直至试样剪切破坏,同时在试验过程中测读排水量以计算试样体积变化,可以测得有效应力抗剪强度指标c_d、φ_d。

4. K_0固结三轴压缩试验

常规三轴试验是在等向固结压力($\sigma_1=\sigma_2=\sigma_3$)条件下排水固结,而$K_0$固结三轴试验是按$\sigma_3=\sigma_2=K_0\sigma_1$施加周围压力,并保持试样的侧向不产生变形,使试样在不等向压力下固结排水,然后再进行不排水剪或排水剪试验。

现介绍固结不排水试验。

三、仪器设备

1. 三轴仪

三轴仪依据施加轴向荷载方式的不同,可以分为应变控制式和应力控制式两种,目前比较常用的仪器是应变控制式三轴仪。

应变控制式三轴仪有以下几个组成部分,如图 15-1 所示。

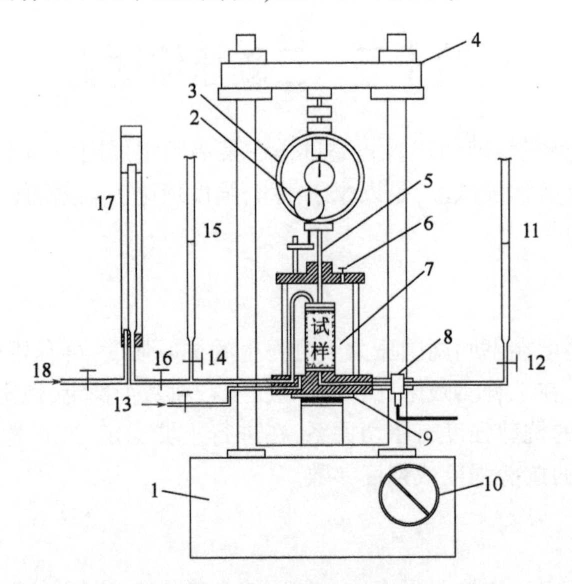

图 15-1 应变控制式三轴仪示意图

1-试验机;2-轴向位移计;3-轴向测力计;4-试验机横梁;5-活塞;6-排气孔;7-压力室;8-孔隙压力传感器;9-升降台;10-手轮;11-排水管;12-排水管阀;13-周围压力;14-排水管阀;15-量水管;16-体变管阀;17-体变管;18-反压力

(1)三轴压力室。压力室是三轴仪的主要组成部分,它是一个由金属上盖、底座以及透明有机玻璃圆筒组成的密闭容器,压力室底座通常有 3 个小孔分别与稳压系统以及体积变形和孔隙水压力量测系统相连。

(2)轴向加荷系统。采用电动机带动多级变速的齿轮箱,或者采用可控硅无级调速,并通过传动系统使压力室自下而上的移动,从而使试样承受轴向压力,其加荷速率可根据土样性质及试验方法确定。

(3)轴向压力量测系统。施加于试样上的轴向压力由测力计量测,测力计由线性和重复性较好的金属弹性体组成,测力计的受压变形由百分表或位移传感器测读。轴向压力也可由荷重传感器来测得。

(4)周围压力稳压系统。采用自动压力控制器施加周围压力,当压力达到设定值后,自动压力控制器将对压力室的压力进行自动补偿,从而保持周围压力稳定。

(5)孔隙水压力量测系统。孔隙水压力由孔压传感器测得。

(6)轴向变形量测系统。轴向变形由长距离百分表(0 ~ 30mm 百分表)或位移传感器测得。

(7)反压力体变系统。由体变管和反压力稳压控制系统组成,以模拟土体的实际应力状态或提高试件的饱和度以及测量试件的体积变化。

2. 附属设备

(1)切土盘、切土器、原状土分样器、承膜筒和饱和器,如图 15-2 ~ 图 15-6 所示。

(2)天平:称量 200g,分度值 0.01g;称量 1000g,分度值 0.1g。

(3)其他:游标卡尺、乳胶薄膜、橡皮筋、透水石、滤纸、切土刀、钢丝锯、毛玻璃板、空气压缩机、真空抽气机、真空饱和抽水缸及称量盒等。

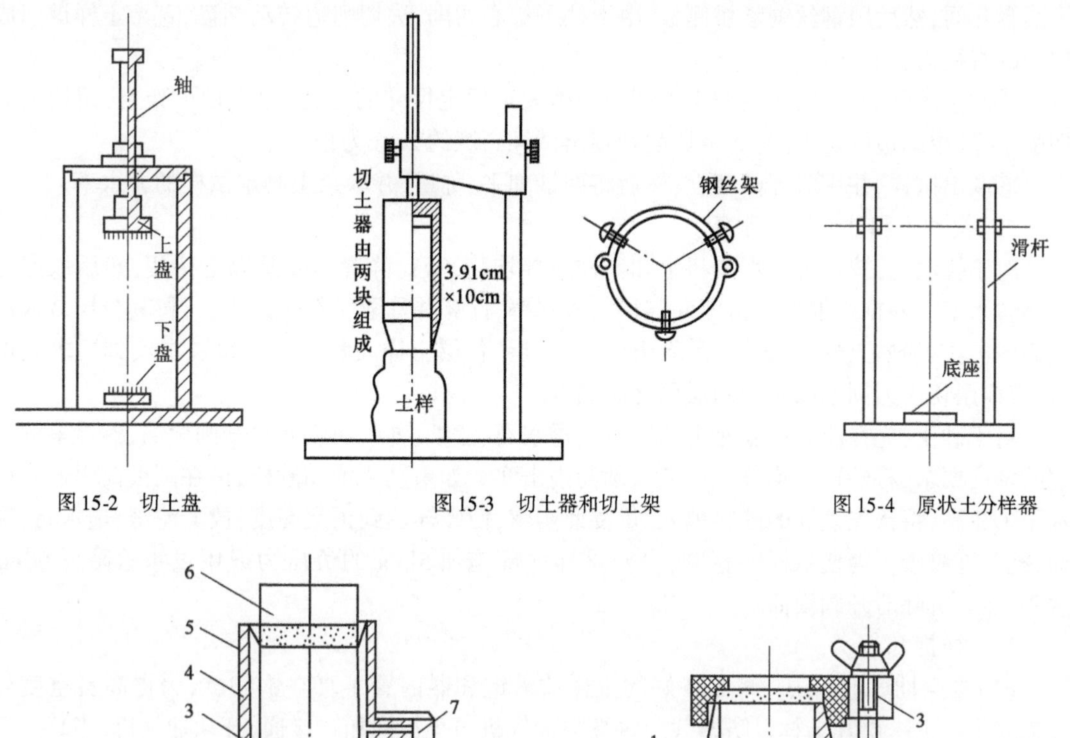

图 15-2 切土盘　　图 15-3 切土器和切土架　　图 15-4 原状土分样器

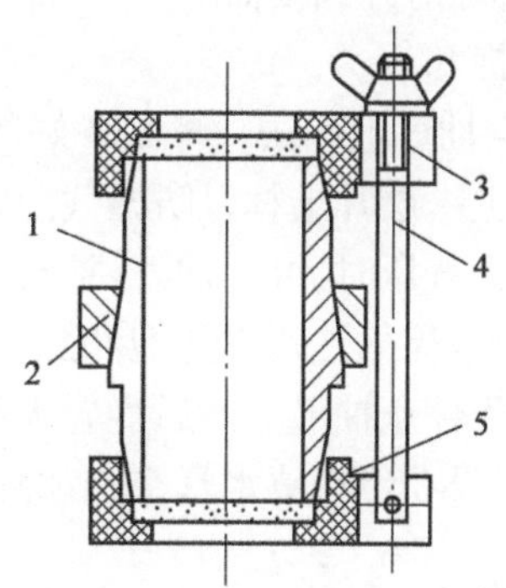

图 15-5 承膜筒安装示意图

1-压力室底座;2-透水板;3-试样;4-承膜筒;5-橡皮膜;6-上帽;7-吸气孔

图 15-6 饱和器

1-土样筒;2-紧箍;3-夹板;4-拉杆;5-透水板

四、试样制备与饱和

1. 试样制备

试样为圆柱形,试样直径为 39.1mm、61.8mm 或 101mm,相应的试样高度分别为 80mm、150mm 或 200mm,试样高度一般为试样直径的 2～2.5 倍,试样的允许最大粒径与试样直径之间的关系见表 15-1。

试样的允许最大粒径与试样直径的关系表　　表 15-1

试样直径 D (mm)	39.1	61.8	101.0
允许最大粒径 d (mm)	$d<\frac{1}{10}D$	$d<\frac{1}{10}D$	$d<\frac{1}{5}D$

(1)原状土试样制备

①对于较软的土样,先用钢丝锯或切土刀切取一稍大于规定尺寸的土柱,放在切土盘的上

下圆盘之间，然后用钢丝锯紧靠侧板，由上往下细心切削，边切削边转动圆盘，直至土样被削成规定的直径为止。

②对于较硬的土样，先用切土刀切取一稍大于规定尺寸的土柱，放在切土架上，用切土器切削土样，边削边压切土器，直至切削到超出试样高度约 2cm 为止。

③取出试样，并用对开模套上，然后将两端削平、称量，并取余土测定试样的含水率。

(2)扰动土和砂土试样制备

对于扰动土，按预定含水率将水和土样搅拌均匀，密封静置 20h 及以上待用，然后取湿土复测含水率。根据要求的干密度和测得的含水率，计算并称取所需湿土质量，将其分层装入击实筒内击实，粉质土分 3 ~ 5 层，黏质土分 5 ~ 8 层，各层土样质量相等。每层击实到要求高度后，表面用切土刀刨毛以利于两层面之间结合。

对于砂土，先在压力室底座上依次放上透水石、滤纸、乳胶薄膜和对开圆模筒，然后根据一定的密度要求，将砂样平均分三层装入圆筒内击实。如果制备饱和砂样，可在圆模筒内通入纯水至 1/3 高，将预先煮沸的砂料填入，重复此步骤，使砂样达到预定高度，放上滤纸、透水石，顶帽，扎紧乳胶膜。为使试样能直立，可对试样内部施加 5kPa 的负压力或用量水管降低 50cm 水头，然后拆除对开圆模筒。

2. 试样饱和

(1)真空抽气饱和法。将制备好的土样放入饱和器内置于真空饱和缸，为提高真空度可在盖缝中涂上一层凡士林以防漏气。将真空抽气机与真空饱和缸接通，开动抽气机，当真空压力接近一个大气压时，继续抽气，抽气时间粉质土不少于 0.5h，黏质土不少于 1h。然后微微开启管夹，使清水徐徐注入真空饱和缸中，待水面超过土样饱和器后，使真空表压力保持一个大气压不变即可停止抽气。然后静置大约 10h 左右，使试样充分吸水饱和。也可将试样装入饱和器后，先浸没在带有清水真空饱和缸内，连续真空抽气 2 ~ 4h，然后停止抽气，静置 12h 左右即可。

(2)水头饱和法。将试样装入压力室内，施加 20kPa 周围压力，然后提高试样底部排水管水面和降低顶部排水管水面，将水头差保持在 1m 左右，使无气泡的水从试样底部进入从顶部溢出，直至流入水量和溢出水量相等为止。

(3)反压力饱和法。试样要求完全饱和时可对试样施加反压力。在不固结不排水条件下，在试样顶部施加反压力，而且同时施加周围压力，并保持反压力始终比周围压力低 5kPa，当试样底部孔隙压力达到稳定后关闭反压力阀，再提高周围压力，当增加的周围压力与增加的孔隙压力之比 $\Delta u/\Delta\sigma_3 > 0.98$ 时认为试样饱和，否则再增加反压力和周围压力使土体内气泡继续缩小，直至满足 $\Delta u/\Delta\sigma_3 > 0.98$。

五、固结不排水剪(CU)试验

1. 操作步骤

(1)试样安装

①打开试样底座的排水阀门，使量管里的水缓缓地流向底座，给底座管路排气，待气泡排除后，关闭底座排水阀门，然后在底座上依次放上湿润的透水石、滤纸和试样，并在试样周围贴上 7 ~ 9 条湿润滤纸条。

②把已检查过的橡皮薄膜套在承膜筒内，两端翻出筒外，用吸水球(洗耳球)从吸气孔中不断吸气，使橡皮膜紧贴于承膜筒内壁，小心将它套在试样外面，然后让吸气孔放气，使橡皮膜

紧贴试样周围,翻起橡皮膜两端,取出承膜筒,用橡皮圈将橡皮膜下端紧扎底座上。

③打开试样底座排水阀门,让量管中水从底座流入试样与橡皮膜之间,用笔刷在试样周围自下而上轻刷,以排除试样周围的气泡,并不时用手在橡皮膜的上口轻拉一下,以利气泡的排出,待气泡排尽后,关闭阀门。如果气泡不明显,就不必进行此步骤。

④在试样的顶部放上滤纸和饱和的透水石,然后打开与试样帽连通的阀门,让量水管中的水流入试样帽,并把试样帽放在试样的上端,排尽试样上端的气泡后关闭阀门,将橡皮膜上端翻贴在试样帽上并用橡皮筋圈扎紧。

⑤装上压力室罩,此时活塞应放在最高位置,以免和试样碰撞,拧紧压力室罩密封螺帽,并使传压活塞与土样帽接触。

⑥打开压力室顶部排气孔,向压力室内注水,当水从排气孔溢出时,关闭注水阀,并封闭排气孔。

(2)试样固结

①向压力室内施加周围压力(水压力或气压力),周围压力的大小根据试样的覆盖压力而定,一般应等于大于覆盖压力,但是不能超过仪器本身的最大工作压力。也可按100kPa、200kPa、300kPa、400kPa施加。

②同时测定土体内与周围压力相应的起始孔隙水压力,施加周围压力后,在不排水条件下静置约15~30min,记下起始孔隙水压力读数。

③如果测得的孔隙水压力u_0与周围压力σ_3的比值$u_0/\sigma_3<0.98$时,需施加反压力对试样进行饱和;当$u_0/\sigma_3>0.98$时,打开上下排水阀门,使试样在周围压力σ_3下进行排水固结。当试样起始饱和度较低时,应首先进行真空抽气饱和,然后再施加反压力饱和,固结度应至少达到95%。对于一般的黏性土,达到固结稳定需16h以上。待试样固结稳定后,测读试样的固结排水量,同时关闭排水阀门。

(3)试样剪切

①调整升降台位置,使活塞与土样帽接触,将轴向测力计或轴向荷重传感器、轴向位移计或位移传感器的初始读数清零。开动试验机,按恒定的剪切速率对试样施加轴向压力,黏土剪切应变速率宜为0.05%/min~0.1%/min,粉土剪切应变速率宜为0.1%/min~0.5%/min。记录试样每产生轴向应变0.3%~0.4%时的轴向力和孔隙水压力值,直至试样达到20%应变值为止。

②若属于脆性破坏的试样,将会出现轴向应力峰值,则以峰值作为破坏点;如果试样为塑性破坏,则取轴向应变为15%时对应的轴向应力为破坏点。

③试验结束,关闭试验机,卸除周围压力并取出试样,描绘试样破坏时的形状并称试样质量。

2.成果整理

(1)按式(15-1)和式(15-2)计算孔隙水压力系数:

$$B=\frac{u_0}{\sigma_3} \tag{15-1}$$

$$A=\frac{u_d}{B(\sigma_1-\sigma_3)} \tag{15-2}$$

式中:B——孔隙压力系数,精确至0.01;

u_0——试样在周围压力下所产生的初始孔隙压力(kPa);

σ_3——周围压力(kPa)；

A——孔隙压力系数,精确至0.01；

u_d——试样在主应力差($\sigma_1 - \sigma_3$)下产生的孔隙压力(kPa)；

σ_1——试样的大主应力(kPa)。

(2)按式(15-3)和式(15-4)计算试样固结后的高度和平均断面积：

$$h_c = h_0(1-\varepsilon_0) = h_0\left(1-\frac{\Delta V}{V_0}\right)^{1/3} \approx h_0\left(1-\frac{\Delta V}{3V_0}\right) \tag{15-3}$$

$$A_c = \frac{\pi}{4}d_0^2(1-\varepsilon_0)^2 = \frac{\pi}{4}d_0^2\left(1-\frac{\Delta V}{V_0}\right)^{2/3} \approx A_0\left(1-\frac{2\Delta V}{3V_0}\right) \tag{15-4}$$

式中：　h_c——试样固结后的高度(cm),精确至0.01cm；

A_c——试样固结后的平均断面积(cm^2),精确至0.01cm^2；

d_0,h_0,A_0,V_0——试样固结前的直径(cm)、高度(cm)、面积(cm^2)和体积(cm^3)；

ΔV——试样的固结排水量(cm^3)。

(3)按式(15-5)和式(15-6)计算试样剪切过程中的轴向应变和平均断面积：

$$\varepsilon_1 = \frac{\sum \Delta h}{h_c} \tag{15-5}$$

$$A_a = \frac{A_c}{1-\varepsilon_1} \tag{15-6}$$

式中：ε_1——试样剪切过程中的轴向应变(%),精确至0.1%；

$\sum \Delta h$——试样剪切时的轴向变形(cm)；

A_a——试样剪切过程中的平均断面积(cm^2),精确至0.01cm^2。

(4)按式(15-7)计算试样主应力差：

$$\sigma_1 - \sigma_3 = \frac{CR}{A_a} \times 10 = \frac{CR(1-\varepsilon_1)}{A_c} \times 10 \tag{15-7}$$

式中：$\sigma_1 - \sigma_3$——主应力差(kPa),精确至0.1kPa；

C——测力计率定系数(N/0.01mm)；

R——测力计读数(0.01mm)；

10——单位换算系数。

(5)按式(15-8)和式(15-9)计算试样有效主应力：

$$\sigma'_1 = \sigma_1 - u \tag{15-8}$$

$$\sigma'_3 = \sigma_3 - u \tag{15-9}$$

式中：σ'_1——有效大主应力(kPa),精确至0.1kPa；

σ'_3——有效小主应力(kPa),精确至0.1kPa；

u——孔隙水压力(kPa)。

(6)以主应力差($\sigma_1 - \sigma_3$)为纵坐标,轴向应变 ε_1 为横坐标,绘制主应力差与轴向应变关系曲线,如图15-7所示。若有峰值时,取曲线上主应力差的峰值作为破坏点;若无峰值时,则取15%轴向应变时的主应力差值作为破坏点。

(7)以剪应力 τ 为纵坐标,法向应力 σ 为横坐标,在横坐标轴以破坏时的$\frac{\sigma_{1f}+\sigma_{3f}}{2}$为圆心,以$\frac{\sigma_{1f}-\sigma_{3f}}{2}$为半径,绘制破坏总应力圆,并绘制不同周围压力下诸破坏总应力圆的包线,包线的

倾角为内摩擦角 φ_{cu}，包线在纵轴上的截距为黏聚力 c_{cu}。对于有效内摩擦角 φ' 和有效黏聚力 c'，应以 $\frac{\sigma'_{1f}+\sigma'_{3f}}{2}$ 为圆心，$\frac{\sigma'_{1f}-\sigma'_{3f}}{2}$ 为半径绘制有效破坏应力圆并作诸圆包线后确定(图 15-8)。

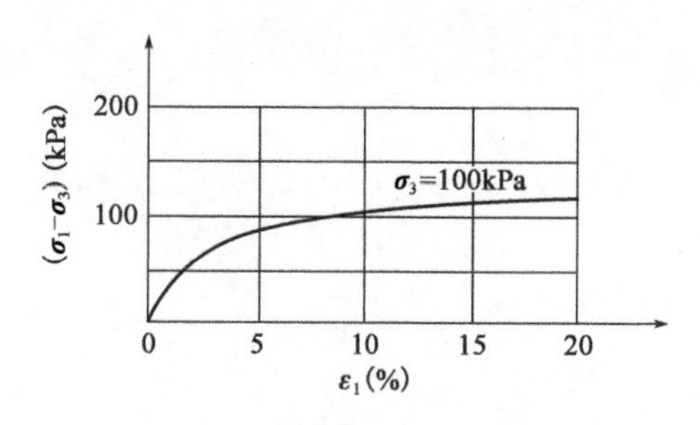

图 15-7 主应力差与轴向应变关系曲线

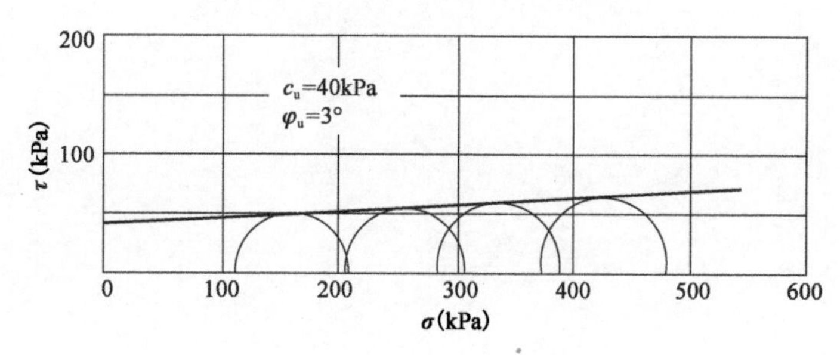

图 15-8 固结不排水剪强度包线

3. 试验记录

三轴固结不排水剪(CU)试验记录见表 15-2(英文版见 Table 15-2)。表 15-3 为某土样三轴固结不排水剪(CU)试验的实例数据。

三轴压缩试验记录表（适用 UU、CU、CD 试验）

表 15-2

学　号________________　　班　级________________

姓　名________________　　日　期________________

试样直径 d_0 = ________________ cm　　试样高度 h_0 = ________________ cm

试样面积 A_0 = ________________ cm^2　　试样体积 V_0 = ________________ cm^3

试样质量 m_0 = ________________ g　　试样密度 ρ_0 = ________________ g/cm^3

固结排水量 ΔV = ________________ cm^3　　固结后高度 h_c = ________________ cm

固结后面积 A_c = ________________ cm^2　　固结后体积 V_c = ________________ cm^3

有效周围压力 σ'_3 = ________________ kPa　　初始孔隙水压力 u_0 = ________________ kPa

剪切应变速率 = ________________ mm/min　　测力计率定系数 C = ________________ N/0.01mm

测力计读数（0.01mm）	轴向荷重（N）	轴向变形读数（0.01mm）	轴向应变（%）	量水管读数（cm^3）	试样体积变化（cm^3）	体积应变（%）	校正后试样面积（cm^2）	主应力差（kPa）	孔隙水压力读数（kPa）	孔隙水压力（kPa）	孔隙水压力系数	
R	$P=CR$	Δh	$\varepsilon_1=\frac{\Delta h}{h_c}$	Q	ΔV	$\frac{\Delta V}{V_c}$	$A_a=\frac{A_c-\frac{\Delta V}{h_c}}{1-\varepsilon_1}$	$\sigma_1-\sigma_3=\frac{P}{A_a}$	u_i	$u=u_i-u_0$	B	A
(1)	(2)	(3)	(4)	(5)	(6)	(7)	(8)	(9)	(10)	(11)	(12)	(13)

上交试验报告，请学生沿此线撕下

上交试验报告，请学生沿此线撕下

Data set fortriaxial test (Applicable to UU, CU and CD) Table15-2

Student ID ________________ Class ________________

Name ________________ Date ________________

Initial diameter d_0 = ____________ cm Initial height h_0 = ____________ cm

Initial area A_0 = ____________ cm^2 Initial volume V_0 = ____________ cm^3

Initial mass m_0 = ____________ g Initial density ρ_0 = ____________ g/cm^3

Volume change in consolidation ΔV = ____________ cm^3 Height after consolidate h_c = ____________ cm

Area after consolidate A_c = ____________ cm^2 Volume after consolidate V_c = ____________ cm^3

Effective confining stress pressure σ'_3 = ____________ kPa Initial pore pressure u_0 = ____________ kPa

Shear rate = ____________ mm/min Coefficient of load ring C = ____________ N/0.01mm

Load ring readings (0.01mm)	Axial load (N)	Axial deformation readings (0.01mm)	Axial strain (%)	Drainage readings (cm^3)	Volume change (cm^3)	Volumetric strain (%)	Corrected area (cm^2)	Deviator stress (kPa)	Pore pressure readings (kPa)	Pore pressure (kPa)	Pore pressure parameter	
R	$P=CR$	Δh	$\varepsilon_1=\frac{\Delta h}{h_c}$	Q	ΔV	$\frac{\Delta V}{V_c}$	$A_a=\frac{A_c-\frac{\Delta V}{h_c}}{1-\varepsilon_1}$	$\sigma_1-\sigma_3=\frac{P}{A_a}$	u_i	$u=u_i-u_0$	B	A
(1)	(2)	(3)	(4)	(5)	(6)	(7)	(8)	(9)	(10)	(11)	(12)	(13)

三轴压缩试验记录表实例(CU 试验表) 表 15-3

学　号________________　　班　级________________

姓　名________________　　日　期________________

试样直径 d_0 = 3.91cm　　试样高度 h_0 = 8.00cm

试样面积 A_0 = 12.00cm²　　试样体积 V_0 = 96.00cm³

试样质量 m_0 = 188.54g　　试样密度 ρ_0 = 1.96g/cm³

固结排水量 ΔV = 2.35cm³　　固结后高度 h_c = 7.93cm

固结后面积 A_c = 11.80cm²　　固结后体积 V_c = 93.65cm³

有效周围压力 σ'_3 = 100kPa　　初始孔隙水压力 u_0 = 255kPa

剪切应变速率 = 0.08mm/min　　测力计率定系数 C = 7.455N/0.01mm

测力计读数(0.01mm)	轴向荷重(N)	轴向变形读数(0.01mm)	轴向应变(%)	量水管读数(cm^3)	试样体积变化(cm^3)	体积应变(%)	校正后试样面积(cm^2)	主应力差(kPa)	孔隙水压力读数(kPa)	孔隙水压力(kPa)	孔隙水压力系数	
R	$P=CR$	Δh	$\varepsilon_1=\frac{\Delta h}{h_c}$	Q	ΔV	$\frac{\Delta V}{V_c}$	$A_a=\frac{A_c-\frac{\Delta V}{h_c}}{1-\varepsilon_1}$	$\sigma_1-\sigma_3=\frac{P}{A_a}$	u_i	$u=u_i-u_0$	B	A
(1)	(2)	(3)	(4)	(5)	(6)	(7)	(8)	(9)	(10)	(11)	(12)	(13)
0	0	0		/	/	/			255			
0.9	6.7	20		/	/	/			256			
8.0	59.6	60		/	/	/			286			
11.6	86.5	100		/	/	/			297			
13.2	98.4	170		/	/	/			303			
13.8	102.9	210		/	/	/			306			
14.9	111.1	300		/	/	/			307			
15.3	114.1	350		/	/	/			307			
15.9	118.5	420		/	/	/			308			
16.5	123.0	500		/	/	/			308			
17.1	127.5	550		/	/	/			308			
17.9	133.4	600		/	/	/			306			
18.4	137.2	700		/	/	/			305			
19.9	148.4	850		/	/	/			301			
21.3	158.8	1000		/	/	/			298			
22.2	165.5	1160		/	/	/			296			
23.0	171.5	1250		/	/	/			294			

六、三轴剪切虚拟实验系统

开展实物三轴压缩试验,在教学实践中往往存在诸多困难,利用虚拟现实技术,逼真还原真实试验场景和仪器设备,通过可视化虚拟试验场景之间的切换,可实现整个三轴试验流程的全过程模拟。

三轴虚拟实验系统操作如下。

(1)系统登录

三轴剪切虚拟实验系统的网址为:http://tmxg. tongji. edu. cn/szjq/,打开用户注册登录界面,先注册后再登录。实验试验系统分为四个功能区域:实验介绍、教学模式、学习模式和考试模式,如图 15-9 所示。

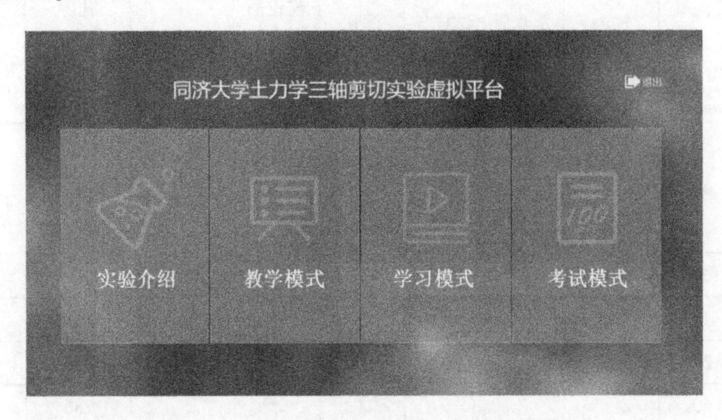

图 15-9　三轴剪切虚拟实验系统的功能选择界面

(2)三轴虚拟实验介绍

三轴虚拟实验介绍模块主要由原理介绍和设备介绍两部分组成,如图 15-10 所示。

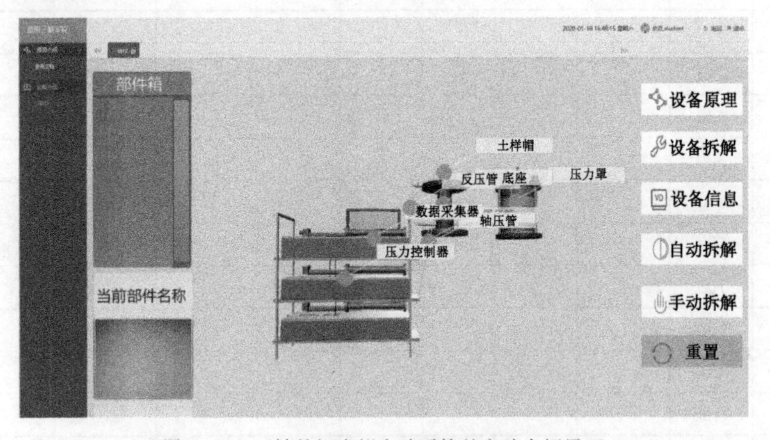

图 15-10　三轴剪切虚拟实验系统的实验介绍界面

①点击“实验介绍”按钮,进入“实验介绍”功能模块界面。

②点击界面左侧菜单,学习三轴试验原理。

③点击“设备介绍”按钮,打开仪器设备的三维动态展示,学习 GDS 应力路径三轴仪的工作原理、主要构造、各部件的名称和仪器的组装。

(3)三轴虚拟实验教学模式

在三轴虚拟实验教学模式中,可以通过自动动画或手动播放的形式展示、学习试样制作和三轴试验步骤的全过程,该模块具有三轴试验步骤的关键信息提示和操作对象高亮显示等功能,如图 15-11 所示。

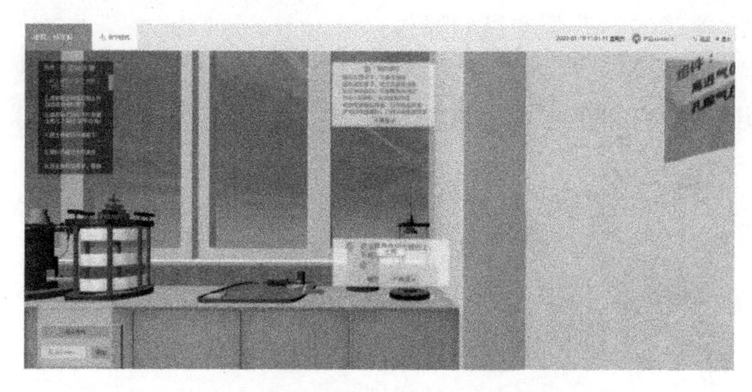

图 15-11 三轴剪切虚拟实验系统的教学模式界面

①在系统主界面,点击"教学模式"按钮,进入教学功能区域。

②土样获取。在土层地质模型界面上选取任一钻孔位置和任一土层的土样以供试验,然后点击"开始试验"按钮,进入三轴试验场景。

③试样制备。按照试验步骤列表和系统提示的当前试验步骤,用鼠标控制操作,进行试样的切削制备。试样切削好后,用游标卡尺测量试样的直径。

④试样安装。按照试验步骤列表和系统提示的当前试验步骤,将制备好的试样安装在 GDS 应力路径三轴仪的压力室底座上,并装上压力室罩,调节压力室顶部的调节螺丝和固定螺丝使轴向荷载传感器与土样帽相接触。向压力室中注满水。

⑤试样剪切。打开 GDSLAB 软件,将位移传感器初始读数清零,设置试样参数和加载参数,输入周围压力,然后点击"start test"(试验开始),开始加载三轴剪切试验。

⑥试验结束。待剪切完成后,点击"Object Display"按钮,卸除周围压力和轴向力,排除压力室中的水,取出试样。

(4)学习模式

在学习模式模块中,可以进行三轴试验全过程的操作练习。具体试验操作步骤同"教学模式",每完成一步操作后,点击左下角"确定"按钮,系统会直接给出正确或错误的判断,若操作正确,点击"下一步"按钮,进入下一个步骤的练习;若操作错误,点击"重做"按钮,进行反复练习。

(5)考试模式

在考试模式下,完成三轴试验操作,系统自动生成考核结果,并可获得相应的试验数据,如图 15-12 所示。

图 15-12 三轴剪切虚拟实验系统的考试模式界面

①在系统主界面,点击“考试模式”按钮,进入考试功能区域。

②按“教学模式”第② ~ ⑦步完成试验操作。

③点击左下角“交卷”按钮,提交试验操作。

④系统自动弹出考核结果对话框,点击考核结果下方的“试验数据下载”按钮,下载相应的试验数据,处理试验数据并完成试验报告。

试验十六　静止侧压力系数试验

土的静止侧压力系数 K_0是指土体在无侧向变形条件下，侧向有效应力与竖向有效应力的比值。

一、试验目的

试验的目的是为了确定土的静止侧压力系数 K_0值。实际建筑物地基土的应力场应处于 K_0状态，因此在计算土体变形、挡土墙静止土压力、地下建筑物墙体土压力、桩的侧向摩阻力时，需要用 K_0值来计算。

二、仪器设备

K_0试验装置由如下几个部分组成：

(1)刚性密封式容器(图 16-1)。由一个整体不锈钢圆钢锻压切削而成。容器的刚度大，密封性能好，传力介质采用纯水或甘油与水配置而成的液体。同时为了便于使容器液腔中的气泡排净，内壁采用弧形断面，消除了矩形断面所造成的滞留气泡的死角，从而满足试样在试验过程中无侧向应变的条件。

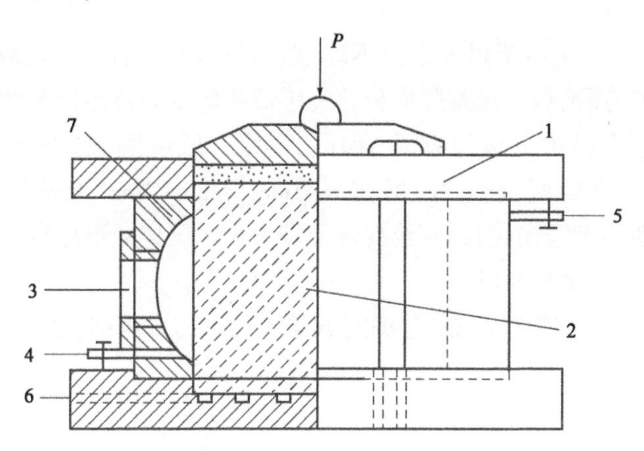

图 16-1　刚性密封式容器

1-测压仪容器；2-试样；3-接压力传递系统；4-进水孔；5-排气孔阀；6-固结排水孔；7-O 形圈

(2)竖向压力传递装置。一般采用分级加荷的应力控制方式，可将刚性密封式容器置于固结仪的加荷装置上进行试验。

(3)量测系统。采用量程为 0 ~ 5kN 的拉压力传感器，0 ~ 1000kPa 的液压传感器以及 0 ~ 10mm 的位移计等，分别量测试样的竖向应力 σ_1、侧向应力 σ_3和竖向位移 ε_1。

(4)其他。切土环刀(内径 61.8mm，高 40mm)、钢丝锯、切土刀、纯水、滴定管、吸气球、乳胶薄膜、滤纸以及硅油等。

三、K_0容器标定

K_0容器要使试样在竖向应力 σ_1 作用下不产生侧向变形，并且在测试过程中能连续而无滞后地反映土中竖向应力 σ_1、侧向应力 σ_3、竖向应变 ε_1 以及孔隙水压力 u 等相互关系及其各自的变化情况。要满足这一条件，K_0容器不得漏水，并且其压力腔的水在压力作用下不会产生体积变化。因此，K_0容器各阀门接头、紧压螺丝、传感器接头、排气孔盖帽等各处不得漏水，水必须是煮沸后经真空抽气的纯水。另外，在注水过程中应注意气体的排除，特别是注意乳胶薄膜内的小气泡，应采用循环水加以排除。最后将一块与试样一样大小的校正钢块，放入 K_0 容器内，以额定的最大压力（约 500kPa）输入压力腔，检查是否有漏水现象。若压力表读数不下降，则表示压力腔及各管路系统不漏水。如有漏水，应及时处理。

四、操作步骤

(1)用切土环刀细心切取原状试样或扰动试样。测定土样密度，并在余土中取代表性土样测定其含水率。

(2)在试样的两端贴上与试样直径一样大小的滤纸。

(3)打开进水阀门，采用负压法或水头降低法，使 K_0 容器的乳胶膜向内壁凹进，以减少试样与乳胶膜的摩擦，并在乳胶膜表面抹上薄层硅油。

(4)刀口向上将环刀置于 K_0 容器定位器内，用传压活塞将试样从环刀内推入 K_0 容器中。

(5)消除负压并提高到正压 1kPa 或提高水头到 10cm，使乳胶膜贴紧试样，然后关闭进水阀门。

(6)放上透水石、传压活塞以及定向钢球，然后将装有土样的 K_0 容器置于加压横梁的中心，并施加 1kPa 的预压荷载。调整竖向位移传感器和侧压力传感器至“0”读数。

(7)采用应力控制式的分级加荷，竖向压力等级一般可按 25kPa、50kPa、100kPa、200kPa、400kPa 施加。对于每级竖向压力，可按 0.5min、1min、4min、9min、16min、25min、36min、49min……测记侧压力和竖向位移，直至变形稳定为止。试样变形稳定标准为每小时变形不大于0.01mm，再施加下一级竖向压力。

(8)试验结束后，取出试样称量，并测定试样试验后的含水率，然后清洗容器，关闭各种电器开关。

五、成果整理

(1)绘图及 K_0 系数计算

以竖向有效应力 σ_1' 为横坐标，侧向有效应力 σ_3' 为纵坐标，绘制 $\sigma_1' \sim \sigma_3'$ 关系曲线，如图 16-2所示，其斜率为土的静止侧压力系数，即：

$$K_0 = \frac{\sigma'_3}{\sigma'_1} \tag{16-1}$$

式中：K_0——土的静止侧压力系数，精确至 0.01；

σ'_3——封闭受压室的水压力即侧向有效应力（kPa）；

σ'_1——竖向有效应力（kPa）。

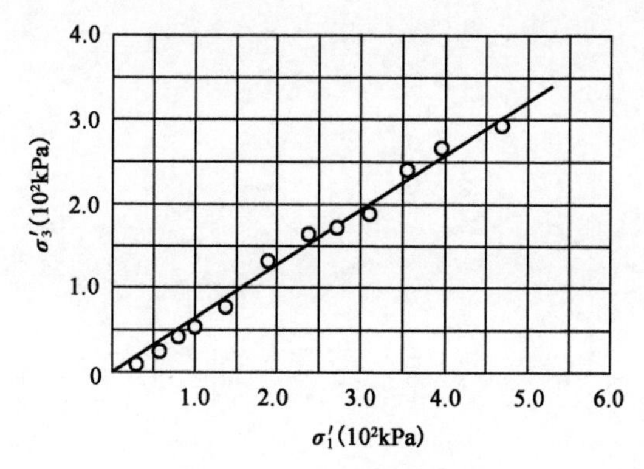

图 16-2　$\sigma_1'\sim\sigma_3'$关系曲线

(2)试验记录

静止侧压力系数 K_0 试验记录见报告 16-1。

报告 16-1

静止侧压力系数 K_0 试验记录表(1)

学　号_______________　　　　班　级_______________

姓　名_______________　　　　日　期_______________

经过时间 t (min)	竖向应力 σ_1 (kPa)				
	25	50	100	200	400
	侧向应力 σ_3 (kPa)	侧向应力 σ_3 (kPa)	侧向应力 σ_3 (kPa)	侧向应力 σ_3 (kPa)	侧向应力 σ_3 (kPa)
0.5					
1					
4					
9					
16					
25					
36					
49					
60					
100					

上交试验报告，请学生沿此线撕下

上交试验报告，请学生沿此线撕下

静止侧压力系数 K_0 试验记录表(2)

学　号________________　　　　班　级________________

姓　名________________　　　　日　期________________

荷载传感器系数________						液压传感器系数________			
竖向有效应力 σ'_1(kPa)									
侧向有效应力 σ'_3(kPa)									
K_0 系数									
备注									

侧向有效应力 σ'_3(kPa)

竖向有效应力 σ'_1(kPa)

侧向和竖向有效应力关系曲线

参 考 文 献

[1] 中华人民共和国国家标准. 土工试验方法标准:GB/T 50123—2019[S]. 北京:中国计划出版社,2019.

[2] 中华人民共和国行业标准. 公路土工试验规程:JTG E40—2007[S]. 北京:人民交通出版社,2007.

[3] 中华人民共和国行业标准. 铁路工程土工试验规程:TB 10102—2010[S]. 北京:中国铁道出版社,2010.

[4] 中华人民共和国国家标准. 岩土工程勘察规范:GB 50021—2001[S]. 北京:中国建筑工业出版社,2001.

[5] 中华人民共和国国家标准. 建筑地基基础设计规范:GB 50007—2011[S]. 北京:中国建筑工业出版社,2011.

[6] 钱建固,袁聚云,赵春风,等. 土质学与土力学[M]. 5 版. 北京:人民交通出版社股份有限公司,2015.

[7] 袁聚云,徐超,贾敏才,等. 岩土体测试技术[M]. 北京:中国水利水电出版社, 2011.

[8] 袁聚云. 土工试验与原理[M]. 上海:同济大学出版社,2003.